U0904939

"十二五"职业教育国家规划教材
经全国职业教育教材审定委员会审定

极限配合与技术测量

主　编　汪　坚
副主编　范庆丰　沈薇薇
参　编　朱跃建　黄永涛　石显奎

本书是经全国职业教育教材审定委员会审定的“十二五”职业教育国家规划教材，是根据教育部最新公布的相关专业教学标准编写的。本书内容融生产过程知识与技能于教学过程，以教学项目为核心重构理论与实践知识，将内容分为7个教学项目，包括极限配合与技术测量入门，测量零件线性尺寸，测量零件几何误差，测量表面粗糙度，测量角度、锥度，测量螺纹，零件精密测量。每个任务包括任务呈现、知识链接、任务实施、任务评价、任务拓展以及思考与练习等环节，通过以图解文的方式，充分激发学生的学习兴趣，提高学习效果。

本书适合作为中等职业学校机械加工技术、机械制造技术专业、数控技术应用及相关专业教材。

为便于教学，本书配套有电子教案、助教课件等教学资源，选择本书作为教材的教师可来电（010-88379201）索取，或登录www.cmpedu.com网站，注册、免费下载。

图书在版编目（CIP）数据

极限配合与技术测量/汪坚主编. —北京：机械工业出版社，2015.8（2023.7重印）

“十二五”职业教育国家规划教材

ISBN 978-7-111-50683-6

Ⅰ.①极… Ⅱ.①汪… Ⅲ.①公差-配合-中等专业学校-教材②技术测量-中等专业学校-教材 Ⅳ.①TG801

中国版本图书馆CIP数据核字（2015）第142932号

机械工业出版社（北京市百万庄大街22号 邮政编码100037）

策划编辑：王佳玮　责任编辑：王莉娜　王佳玮　安桂芳

封面设计：张　静　责任校对：肖　琳

责任印制：常天培

北京机工印刷厂有限公司印刷

2023年7月第1版第8次印刷

184mm×260mm · 12.75印张 · 309千字

标准书号：ISBN 978-7-111-50683-6

定价：39.00元

电话服务	网络服务
客服电话：010-88361066	机　工　官　网：www.cmpbook.com
010-88379833	机　工　官　博：weibo.com/cmp1952
010-68326294	金　书　网：www.golden-book.com
封面无防伪标均为盗版	机工教育服务网：www.cmpedu.com

前　言

本书是根据教育部《关于中等职业教育专业技能课教材选题立项的函》(教职成司【2012】95号)，由全国机械职业教育教学指导委员会和机械工业出版社联合组织编写的“十二五”职业教育国家规划教材，是根据教育部最新公布的中等职业学校相关专业教学标准编写的。

“极限配合与技术测量”包含极限配合理论知识和几何量检测技术两个方面的内容，是生产一线机械加工制造、检验及其管理人员必须掌握的实用技术基础课程，也是机械加工技术等机械类专业的专业核心课程。

本书在编写中力求突出以下特色：

1. 凸显基于新课程标准的专业课改要求

本书根据2014年教育部颁布的新的专业教学标准编写，凸显中职专业课改要求，切实将专业教学标准贯彻在课程内容中，融生产过程知识与技能于教学过程，以教学项目为核心重构理论与实践知识，让学生在“做”的过程中体验、感悟专业知识和技能，并着力体现岗位综合职业素养要求，注重学生学习兴趣的激发，充分体现“以学生为主体”的教学理念。

2. 任务驱动、理实一体的课程内容重构

本书在内容编排上，贯彻任务驱动、理实一体的职业教育专业课程教学理念，解构学科体系，以应用为核心，紧密联系生产实际进行课程内容重构，其中理论以适用、实用、够用为度，操作步骤、注意事项、维护保养以及“7S”等职业素养要求明确具体，力求做到学以致用。

3. 基于学生学习习惯、兴趣的版面呈现

本书编写过程中充分考虑中职教学实践和中职学生的学习习惯、兴趣，将内容编写成7个教学项目若干个学习任务，每个任务通过任务呈现、知识链接、任务实施、任务评价、任务拓展以及思考与练习呈现，穿插“想一想”、“练一练”、“试一试”等丰富的栏目。版面上采用大量图片，通过以图解文的方式，吸引学生先于教的学习或适合边做边学，以充分激发学生的学习兴趣，进一步改善学生的学习习惯。

4. 采用最新国家标准接轨行业企业实践

采用现行国家标准，体现教材的先进性，接轨行业企业实践。本书采用中华人民共和国国家质量监督检验检疫总局和中国国家标准化管理委员会发布的现行有关国家标准，具体涉及的主要有：GB/T 1800.1—2009、GB/T 1800.2— 2009、GB/T 1801—2009、GB/T 4249—2009、GB/T 3177—2009、GB/T 1182—2008、GB/T 3505—2009、GB/T 1031—2009、GB/T 131—2006、GB/T 16671—2009、GB/T 196—2003、GB/T 197—2003、GB/T 5796.3—2005、

GB/T 5796.4—2005。

本书共7个项目，参考学时为32学时。各项目和任务参考学时见下表：

项目	任务	参考学时
极限配合与技术测量入门	极限配合基本知识入门	4
	测量基本知识入门	2
测量零件线性尺寸	测量零件长度、高度和深度	2
	测量轴径	3
	测量孔径	3
测量零件几何误差	测量零件形状误差	4
	测量零件位置误差	2
测量表面粗糙度	比较法测量表面粗糙度	2
	用专用仪器测量表面粗糙度	2
测量角度、锥度	测量角度	2
	测量锥度	2
测量螺纹	测量普通螺纹	2
	测量梯形螺纹	2
零件精密测量*	用立式光学比较仪测量线性尺寸	
	用三坐标测量仪测量零件	
合计		32

注：* 为选学内容。

本书由汪坚担任主编，编写项目一、项目二、项目七及附录；范庆丰、沈薇薇参加编写，分别编写项目三、项目四和项目五、项目六。另外，参与本书编写的还有朱跃建、黄永涛和石显奎。

由于编者水平有限，书中难免有错误，敬请广大读者批评指正。

编　者

目　录

项目一

极限配合与技术测量入门

项目描述

一台机床的某个轴承损坏了，只要买来同型号、同规格的轴承替换即可，这种互换性的实现，有利于广泛地组织协作，进行高效率的专业化生产。

类似轴承这样的机械产品通常是由许多经过机械加工的零部件组成的。这些零部件在加工、测量、装配等环节难免会产生误差。因此，控制零部件的尺寸、几何形状和相互位置以及表面粗糙度等误差，同时又保证零部件技术要求的一致性，需要给出每个产品的合格条件。

控制零件尺寸误差的相关国家标准有：

① GB/T 1800.1—2009《产品几何技术规范（GPS）　极限与配合　第1部分：公差、偏差和配合的基础》。

② GB/T 1800.2—2009《产品几何技术规范（GPS）　极限与配合　第2部分：标准公差等级和孔、轴极限偏差表》。

根据极限与配合国家标准，合理选用计量器具和测量方法，学会通过测量积极采取预防措施以控制零件的误差，避免废品的产生。因此，学好极限与配合的基础知识，掌握测量的基本知识和技能，需要我们走进项目一——极限配合与测量技术入门。

任务一 极限配合基础知识入门

学习目标

- 理解和掌握公称尺寸、实际（组成）要素、极限尺寸等概念及其关系；
- 理解和掌握尺寸偏差、公差的概念及其与极限尺寸的关系，会判断合格尺寸；
- 学会查标准公差数值表、基本偏差数值表、极限偏差表的方法；
- 理解尺寸公差带代号，会画公差带图；
- 能说出配合类型以及配合制，了解常用优先配合；
- 了解未注尺寸公差及其大小的确定；
- 能正确识读图样上的尺寸及其公差；
- 提高对极限与配合知识在实际工作中重要性的认识，理解极限配合相关术语及其内涵；
- 在学习中感悟严谨负责、一丝不苟的工作作风。

任务呈现

你能读懂以下零件图吗？

【读一读】读懂图1-1零件图，并分析说明：

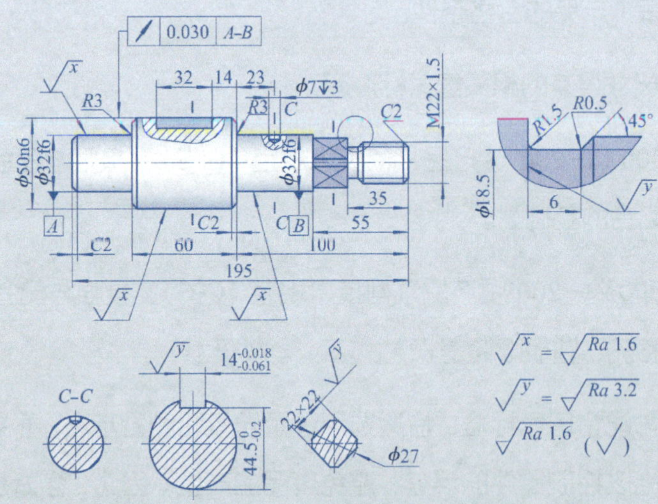

图1-1

用查表法和公差带图解法分析ϕ50n6、ϕ32f6的极限偏差和$14_{-0.061}^{-0.018}$的公差带代号以及三个尺寸的公差带图，并说明这些要素在检测中合格尺寸的范围是什么？

知识链接

机械零件图样的尺寸及其标注是根据国家标准GB/T 1800.1—2009《产品几何技术规范（GPS） 极限与配合　第1部分：公差、偏差和配合的基础》规定来执行的。要读懂、理解图1-1所示的诸多尺寸及其标注，需要掌握有关极限与配合的基本术语。

一、尺寸

1. 公称尺寸（D，d）

公称尺寸指由图样规范确定的理想形状要素的尺寸，由设计给定，可以是整数，也可以是小数。

孔的公称尺寸用“D”表示，轴的公称尺寸用“d”表示。

如图1-1中的直径ϕ32、ϕ50、长度195、表示键槽深度的尺寸44.5等均是公称尺寸。

2. 实际（组成）要素尺寸

实际（组成）要素尺寸是指通过测量获得孔的尺寸（D_a）或轴的尺寸（d_a）。

由于测量误差的存在，零件的实际（组成）要素尺寸并非被测量零件的实际值。由于存在加工误差，零件同一表面上不同位置的实际（组成）要素不一定相等，如图1-2所示。

3. 极限尺寸

允许尺寸变化的两个界限值。其中允许的最大尺寸称为上极限尺寸，允许的最小尺寸称为下极限尺寸。

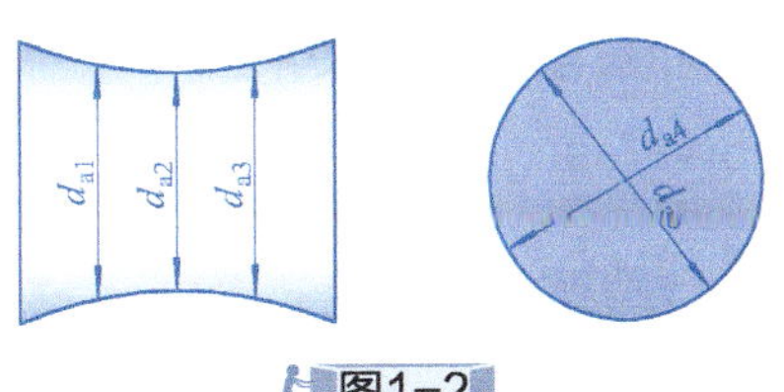

图1-2

想一想

任务中键槽宽度尺寸为$14^{-0.018}_{-0.061}$（图1-3），该尺寸的极限尺寸为多少？

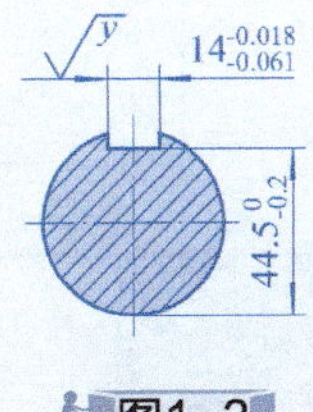

图1-3

分析

该尺寸的公称尺寸为 14mm，上极限尺寸 =14mm−0.018mm=13.982 mm，下极限尺寸 =14mm−0.061mm=13.939 mm。

结论：该键槽加工后检测尺寸应该在 13.939 ~ 13.982mm 之间才算合格。

由此可以看出，极限尺寸用于控制实际（组成）要素尺寸，并判定尺寸是否合格。因此，孔和轴尺寸合格的条件分别表示为

孔：$D_{min} \leqslant D_a \leqslant D_{max}$；　　轴：$d_{min} \leqslant d_a \leqslant d_{max}$。

二、偏差

偏差是指某一尺寸，如实际（组成）要素尺寸、极限尺寸等减其公称尺寸所得的代数差。

偏差包括实际偏差、极限偏差（上极限偏差、下极限偏差）等。

1. 实际偏差

实际偏差=实际（组成）要素尺寸−公称尺寸。如图1−3所示，若键槽的宽度测量后为13.952mm，则该键槽的实际偏差=13.952mm−14mm=−0.048mm。

2. 极限偏差

极限偏差是指极限尺寸减其公称尺寸所得的代数差。因为极限尺寸有上极限尺寸和下极限尺寸两种，所以极限偏差相应地也有上极限偏差和下极限偏差两种。图1−4表示出了极限尺寸、公称尺寸和极限偏差的关系。

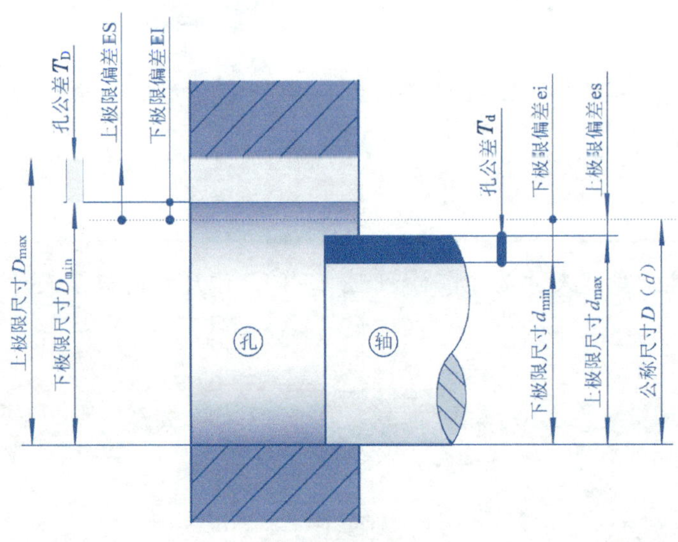

图1−4

（1）上极限偏差　上极限尺寸减其公称尺寸所得的代数差。

（2）下极限偏差　下极限尺寸减其公称尺寸所得的代数差。

如图1-4所示，孔和轴的上极限偏差分别用ES和es表示，下极限偏差分别用EI和ei表示，计算公式见表1-1。

表1-1　偏差计算公式

	上极限偏差	下极限偏差
孔	$ES = D_{max} - D$	$EI = D_{min} - D$
轴	$es = d_{max} - d$	$ei = d_{min} - d$

在尺寸标注中极限偏差表示为：公称尺寸$^{上极限偏差}_{下极限偏差}$。如图1-3中的$14^{-0.018}_{-0.061}$，上极限偏差ES=-0.018mm，下极限偏差EI=-0.061mm。

合格零件的实际偏差应在规定的上、下极限偏差之间。

想一想

有一轴的尺寸标注为$\phi 60^{+0.018}_{-0.012}$（图1-5），若该轴加工后测得的实际（组成）要素为$\phi 60.012$，试判断该零件尺寸是否合格。

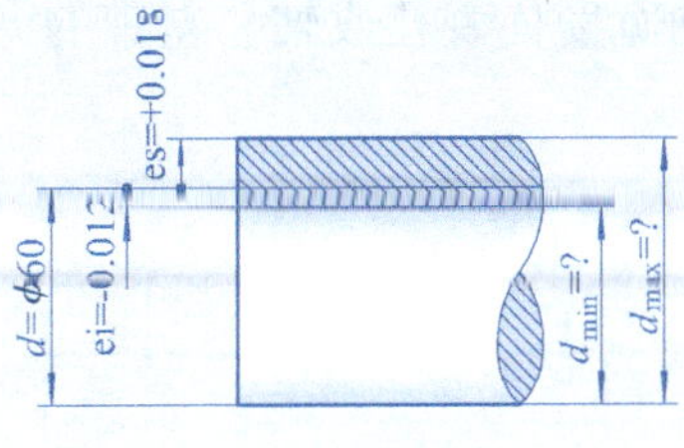

图1-5

根据极限尺寸判断尺寸合格与否。$\phi 60^{+0.018}_{-0.012}$的上、下极限尺寸分别为

$$d_{max} = 60\,mm + 0.018\,mm = 60.018\,mm$$

$$d_{min} = 60\,mm - 0.012\,mm = 59.988\,mm$$

实际测量尺寸d_a=60.012mm，因此$d_{min} \leqslant d_a \leqslant d_{max}$，该尺寸合格。

分析2

根据极限偏差判断尺寸合格与否。$60^{+0.018}_{-0.012}$的上极限偏差为es=+0.018mm，下极限偏差为ei=−0.012mm；实测尺寸的实际偏差$=d_a-d$=60.012mm−60mm=+0.012mm，因此，ei ≤实际偏差≤ es，所以该尺寸合格。

三、尺寸公差

1. 公差

尺寸公差是允许尺寸的变动量，简称公差。数值上等于上极限尺寸与下极限尺寸之差的绝对值，或上极限偏差与下极限偏差之差的绝对值。一般以T_h、T_s代表孔、轴的公差。

如图1–3中，键槽的宽度$14_{-0.061}^{-0.018}$的公差值T_h=|–0.018mm–（–0.061mm）|=0.043 mm；键槽的深度$44.5_{-0.2}^{\ 0}$的公差值T_s=0–|–0.2mm|=0.2 mm。

想一想

公差可以为零或负吗？为什么？

2. 公差带

公差带是指在公差带图解（图1–6）中，由代表上极限偏差和下极限偏差或上极限尺寸和下极限尺寸的两条直线所限定的一个区域。它是由公差大小和其相对零线的位置如基本偏差来确定的。

图1–6中，零线表示公称尺寸的位置。零线上方表示正偏差，下方表示负偏差。

公差带在垂直零线方向的宽度代表孔或轴公差带的大小，即T_h或T_s。

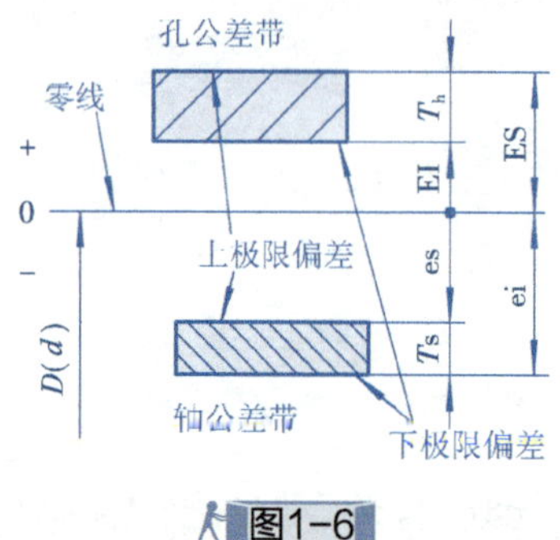

图1–6

想一想

公差和偏差哪个能反映零件的加工精度（或难度）？哪个能判断零件是否合格，为什么？

3. 标准公差

生产中对零件有高低不同的精度要求，公差的大小可以反映不同的加工精度。为了实现产品或零件的互换性，满足各种要求，有必要将公差带的大小标准化并形成标准系列。因此，标准公差系列是国家标准制定出的一系列标准公差数值，见表1–2。

表1-2　标准公差数值（摘自GB/T 1800.1—2009）

公称尺寸/mm		标准公差等级																	
		IT1	IT2	IT3	IT4	IT5	IT6	IT7	IT8	IT9	IT10	IT11	IT12	IT13	IT14	IT15	IT16	IT17	IT18
大于	至	μm											mm						
—	3	0.8	1.2	2	3	4	6	10	14	25	40	60	0.10	0.14	0.25	0.40	0.60	1.0	1.4
3	6	1	1.5	2.5	4	5	8	12	18	30	48	75	0.12	0.18	0.30	0.48	0.75	1.2	1.8
6	10	1	1.5	2.5	4	6	9	15	22	36	58	90	0.15	0.22	0.36	0.58	0.90	1.5	2.2
10	18	1.2	2	3	5	8	11	18	27	43	70	110	0.18	0.27	0.43	0.70	1.10	1.8	2.7
18	30	1.5	2.5	4	6	9	13	21	33	52	84	130	0.21	0.33	0.52	0.84	1.30	2.1	3.3
30	50	1.5	2.5	4	7	11	16	25	39	62	100	160	0.25	0.39	0.62	1.00	1.60	2.5	3.9
50	80	2	3	5	8	13	19	30	46	74	120	190	0.30	0.46	0.74	1.20	1.90	3.0	4.6
80	120	2.5	4	6	10	15	22	35	54	87	140	220	0.35	0.54	0.87	1.40	2.20	3.5	5.4
120	180	3.5	5	8	12	18	25	40	63	100	160	250	0.40	0.63	1.00	1.60	2.50	4.0	6.3
180	250	4.5	7	10	14	20	29	46	72	115	185	290	0.46	0.72	1.15	1.85	2.90	4.6	7.2
250	315	6	8	12	16	23	32	52	81	130	210	320	0.52	0.81	1.30	2.10	3.20	5.2	8.1
315	400	7	9	13	18	25	36	57	89	140	230	360	0.57	0.89	1.40	2.30	3.60	5.7	8.9
400	500	8	10	15	20	27	40	63	97	155	250	400	0.63	0.97	1.55	2.50	4.00	6.3	9.7

标准公差等级共分20级，即IT01、IT0、IT1、…、IT18（表1-2中列出IT1～IT18公差数值），其中，IT01级精度最高，IT18级精度最低。即数字越大，公差等级（加工精度）越低，尺寸允许的变动范围（公差数值）越大，加工难度越小。

在实际应用时，只要选定了公差等级，就可以用查表法确定标准公差数值。

练一练

一根轴轴径为 φ30、一个孔孔径为 φ80，两个尺寸标准公差等级均为IT6，则这两个尺寸的标准公差数值是多少？并比较。

分析

1）查表确定标准公差数值，具体步骤如下，见表1-3。

表1-3　标准公差数值（部分）

公称尺寸/mm		标准公差等级										
		IT1	IT2	IT3	IT4	IT5	IT6	IT7	IT8	IT9	IT10	IT11
大于	至	μm										
—	3	0.8	1.2	2	3	4	6	10	14	25	40	60
3	6	1	1.5	2.5	4	5	8	12	18	30	48	75
6	10	1	1.5	2.5	4	6	9	15	22	36	58	90
10	18	1.2	2	3	5	8	11	18	27	43	70	110
18	30	1.5	2.5	4	6	9	13	21	33	52	84	130
30	50	1.5	2.5	4	7	11	16	25	39	62	100	160
50	80	2	3	5	8	13	19	30	46	74	120	190
80	120	2.5	4	6	10	15	22	35	54	87	140	220

① 分别找到尺寸范围的所在行

② 找到IT6所在列

③ 行列交叉得到的数值即为该尺寸的标准公差值

2）分析比较：ϕ30、IT6的标准公差数值为13μm，ϕ80、IT6的标准公差数值为19μm。两者绝对数值不同，但不能说因为ϕ30的标准公差数值比ϕ80小，它的加工精度就高。因为两个尺寸的标准公差等级均为IT6,表明精度要求是一样的。

四、基本偏差

1. 基本偏差代号及系列

基本偏差是指用以确定公差带相对于零线位置的那个极限偏差。它可以是上极限偏差，也可以是下极限偏差，一般是指靠近零线的那个偏差。当公差带分布在零线上时，其上下极限偏差都可作为基本偏差。

图1-6中，孔的基本偏差为下极限偏差（EI），轴的基本偏差为上极限偏差（es）。

基本偏差系列是对公差带位置的标准化。为了满足机器中各种不同性质和不同松紧程度的配合需要，国家标准对孔和轴分别规定了28个公差带位置，采用28个拉丁字母来表示基本偏差代号。大写字母表示孔，小写字母表示轴。图1-7a为孔的基本偏差系列，图1-7b为轴的基本偏差系列。

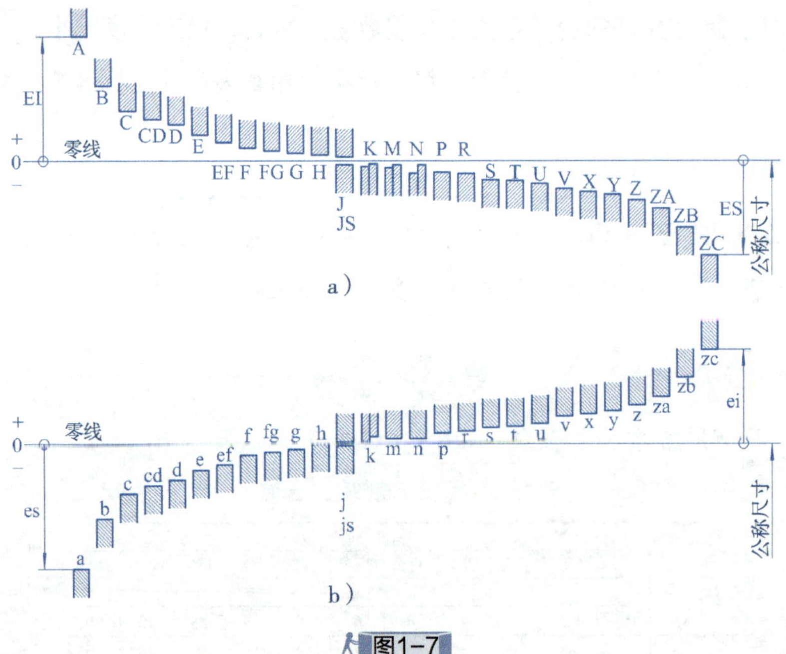

图1-7

由基本偏差系列图可以看出，代号为A ~ G的孔的基本偏差和代号为j ~ zc的轴的基本偏差均为下极限偏差，基本偏差均在零线以上（为正值）。代号为J ~ ZC的孔的基本偏差和代号为a ~ g的轴的基本偏差均为下极限偏差，基本偏差均在零线以下（为负值）。H（或h）的位置与零线重合，表示H（或h）基本偏差等于零；JS（或js）的公差带跨零线两侧呈对称分布，表示其上下极限偏差均为 ± IT/2（基本偏差可取上极限偏差或下极限偏差）。

想一想

基本偏差系列图中，公差带在基本偏差一端是实线，而另一端却是开口的（图 1-8），为什么？

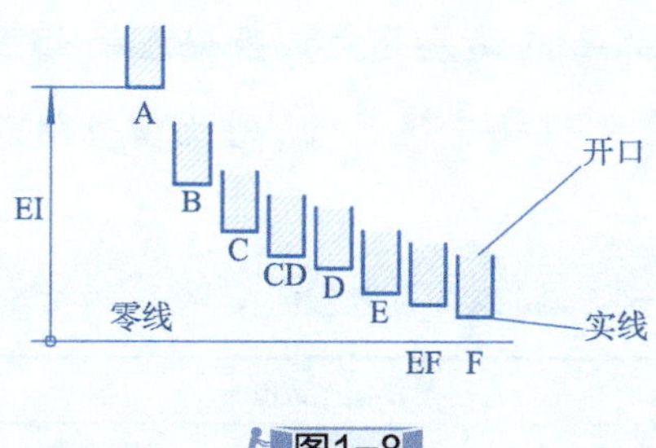

图1-8

分析

由基本偏差系列图可知，基本偏差仅决定了靠近零线的那个极限偏差的位置，所以图 1-8 中公差带靠近零线的一端是实线；而另一端即公差带中另一个极限偏差的位置则由公差等级决定。在基本偏差系列图中不确定公差等级，所以另一端是开口的。

2. 基本偏差代号识读

识读基本偏差代号是读懂零件图和装配图必备的能力。

练一练

图 1-1 中有 ϕ50n6、ϕ32f6 两个尺寸。若要加工该轴，应如何识读这两个尺寸？它们的公差和极限偏差分别是多少？

分析

ϕ50n6 的公称尺寸为 ϕ50，n6 为公差带代号。其中 n 为轴的基本偏差代号，6 为标准公差等级，即 IT6。查表 1-2，可知 ϕ50、IT6 的标准公差数值为 0.016mm。那么这个尺寸的上下极限偏差是多少呢？

（1）确定基本偏差数值

1）根据标注尺寸判断是孔还是轴（孔的基本偏差代号大写，轴的基本偏差代号小写）。

2）查相应的基本偏差数值表（见附表 1 轴的基本偏差数值和附表 2 孔的基本偏差数值）。

3）找到公称尺寸所在尺寸段以确定横行位置。

4）根据基本偏差代号找到相应纵列，纵列与横行交点即为基本偏差值。

5）查出该代号对应的基本偏差是上极限偏差还是下极限偏差。

以 ϕ50n6 为例，该尺寸为轴直径尺寸，因此需查附表 1 轴的基本偏差数值。具体查表方法见表 1-4。

表1-4　轴的基本偏差数值　　（单位：μm）

公称尺寸/mm		基本偏差数值																		
		上极限偏差（es）												下极限偏差（ei）						
大于	至	所有标准公差等级												IT5和IT6	IT7	IT8	IT4~IT7	≤IT3 >IT7	所有标准	
		a	b	c	cd	d	e	ef	f	fg	g	h	js	j			k		m	n
—	3	−270	−140	−60	−34	−20	−14	−10	−6	−4	−2	0	偏差=±$IT_n/2$	−2	−4	−6	0	0	+2	+4
3	6	−270	−140	−70	−46	−30	−20	−14	−10	−6	−4	0		−2	−4		+1	0	+4	+8
6	10	−280	−150	−80	−56	−40	−25	−18	−13	−8	−5	0		−2	−5		+1	0	+6	+10
10	14	−290	−150	−95		−50	−32		−16		−6	0		−3	−6		+1	0	+7	+12
14	18																			
18	24	−300	−160	−110		−65	−40		−20		−7	0		−4	−8		+2	0	+8	+15
24	30																			
30	40	−310	−170	−120		−80	−50		−25		−9	0		−5	−10		+2	0	+9	+17
40	50	−320	−180	−130																

n6的基本偏差为下极限偏差

行列交叉得到基本偏差数值

因此，经查表，ϕ50n6 的基本偏差为 +0.017mm，该基本偏差为下极限偏差（对照图 1-7 验证为下极限偏差）。

（2）确定极限偏差数值　要明确该尺寸的另一个极限偏差，应在上述步骤的基础上进行。如前所述，ϕ50n6 的下极限偏差为 +0.017mm，标准公差数值是 0.016mm。可以用公差带图解法或计算法得到另一个极限偏差。

以公差带图解法为例说明。

如图 1–9 所示，先画零线，按一定比例画出下极限偏差，再按比例画出公差值，然后标注出上极限偏差，得 ϕ50n6 的上极限偏差为 +0.033mm，即 $\phi 50n6=\phi 50^{+0.033}_{+0.017}$。

采用相同的方法也可得到 ϕ32f6 的公差和上下极限偏差。

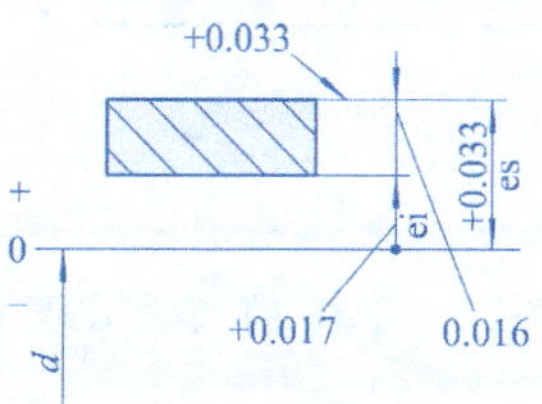

图1–9

查孔的基本偏差值时，要注意表格中的“Δ”值，即对于≤IT8 的 K、M、N 和≤IT7 的 P～ZC，所需 Δ 值从附表 2 的表内右侧选取。如要查 ϕ40K6 的基本偏差，方法见表 1–5。

表1–5　孔的基本偏差数值　（单位：μm）

公称尺寸/mm		基本偏差数值 上极限偏差（ES）											Δ					
大于	至	…	IT6	IT7	IT8	≤IT8	>IT8	≤IT8	>IT8	≤IT8	>IT8	…	标准公差级					
		…	J			K		M		N		…	IT3	IT4	IT5	IT6	IT7	IT8
—	3	…	+2	+4	+6	0		−2	−2	−4	−4	…	0	0	0	0	0	0
3	6	…	+5	+6	+10			−4+Δ	−4	−8+Δ	0	…	1	1.5	1	3	4	6
6	10	…	+5	+8	+12	−1+Δ		−6+Δ	−6	−10+Δ	0	…	1	1.5	2	3	6	7
10	14		+6	+10	+15	−1+Δ		−7+Δ	−7	−12+Δ	0	…	1	2	3	3	7	9
14	18	…																
18	24	…	+8	+12	+20	−2+Δ	0	−8+Δ	−8	−15+Δ	0	…	1.5	2	3	4	8	12
24	30	…																
30	40	…	+10	+14	+24	−2+Δ		−9+Δ	−9	−17+Δ	0	…	1.5	3	4	5	9	14
40	50	…																
50	65	…	+13	+18	+28	−2+Δ		−11+Δ	−11	−20+Δ	0	…	2	3	5	6	11	16
65	80	…																

① 公称尺寸所在横行和基本偏差纵列的交点即为基本偏差

② 确定为上极限偏差

③ 根据公称尺寸和公差等级找到相应的 Δ 值

④ 基本偏差值 =−2μm+5μm=3μm，且为上极限偏差

所以 ϕ40K6 的基本偏差数值为 +3μm，且为上极限偏差。查表 1–2 得标准公差数值为 16μm，通过计算得到该尺寸的下极限偏差为 −13μm，即 $\phi 40\text{K6}=\phi 40^{+0.003}_{-0.013}$。

综上所述，以确定 ϕ50n6 的上下极限偏差为例，其方法和步骤是：

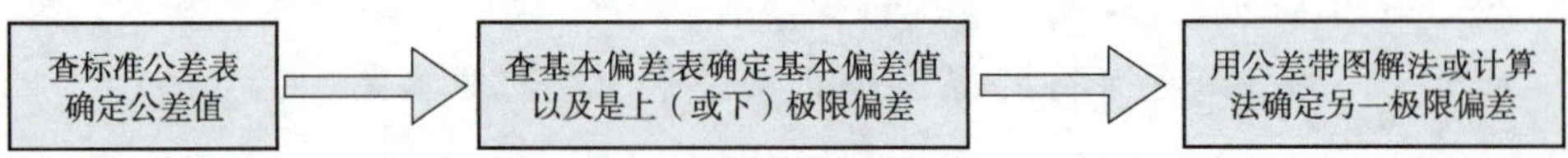

查 ϕ35H7 的上下极限偏差，并说明 ϕ35H7 的含义。

五、孔、轴公差带

1. 孔、轴公差带的优化

孔、轴的公差带代号由代表基本偏差的字母和公差等级数字组合而成，反映孔或轴的精度等级或允许的加工误差的大小。如 ϕ40H7、55F8表示孔的公差带代号，ϕ60h7、50k6表示轴的公差带代号。

国家标准GB/T 1801—2009《产品几何技术规范（GPS） 极限与配合 公差带和配合的选择》对于公称尺寸不大于500 mm的孔和轴规定了一般公差带、常用公差带和优先公差带，分别如图1–10所示孔的一般公差带、常用公差带和优先公差带以及图1–11所示轴的一般公差带、常用公差带和优先公差带。

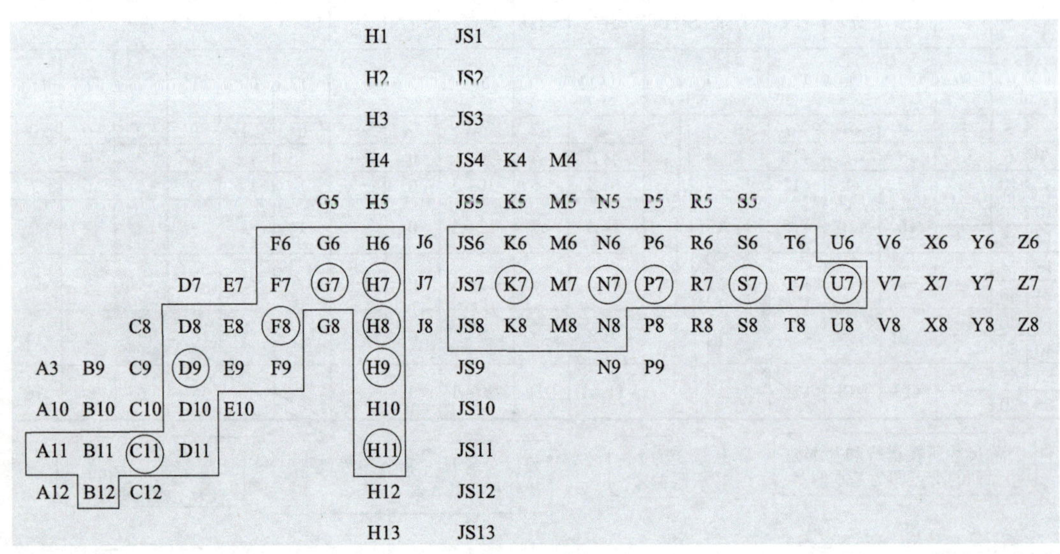

图1–10

如图1–10所示，公称尺寸≤500 mm的孔，国家标准规定了105种一般公差带，其中方框内的43种为常用公差带，小圆圈内的13种为优先公差带。

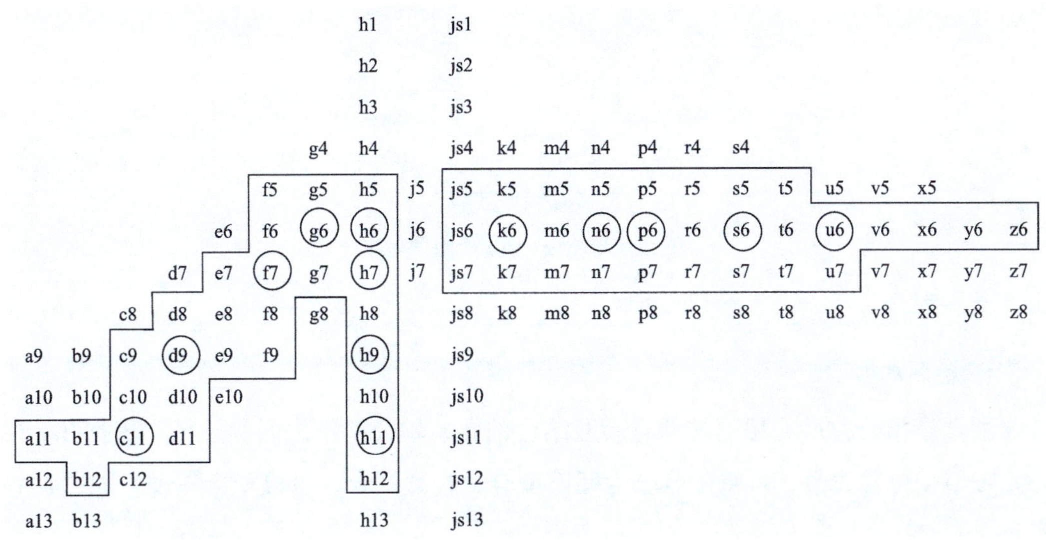

图1–11

如图1–11所示，公称尺寸≤500 mm的轴，国家标准规定了116种一般公差带，其中方框内的59种为常用公差带，小圆圈内的13种为优先公差带。

在选用时，应优先选择圆圈内的优先公差带，其次是选择方框内的常用公差带，最后是选择表中所列的其他的一般公差带。

2. 孔、轴公差带的标注

在零件图上孔、轴公差带的标注有三种方式，如图1–12所示。

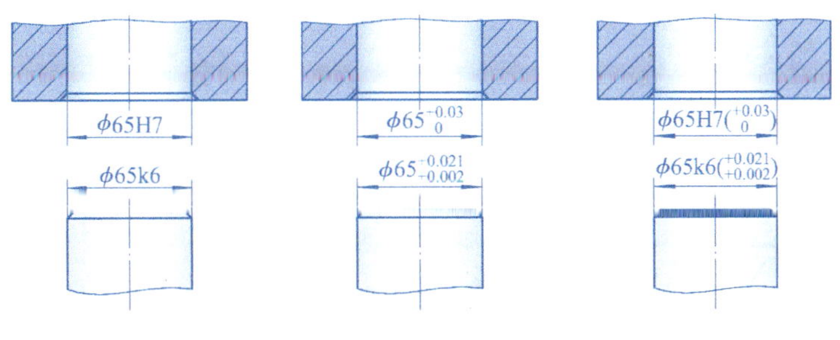

图1–12

这三种标注法具有同等效力，标注时只需选择其中一种即可。

在装配图上一般有两种标注方式，如图1–13所示。图1–13a中配合代号用孔、轴公差带组合表示成分数形式，分子为孔的公差带代号，分母为轴的公差带代号，如H7/f6。若为极限偏差标注法（图1–13b），则上面的公称尺寸和极限偏差表示孔，下面的表示轴。

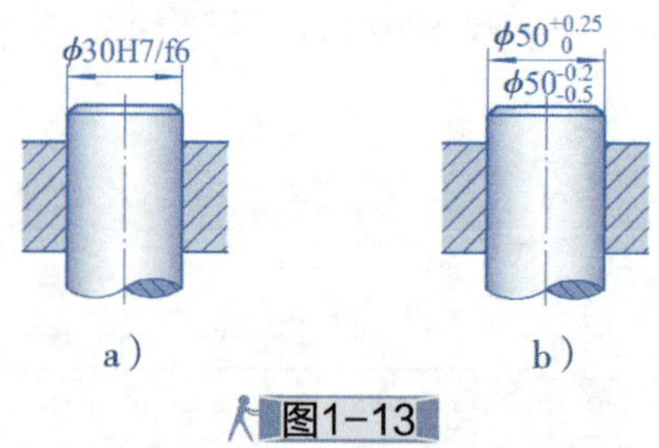

图1-13

a）配合代号注法　b）极限偏差注法

六、配合

1. 配合类型

配合是指公称尺寸相同的并且相互结合的孔、轴公差带之间的关系。依据孔、轴公差带相互位置关系，可将配合分为间隙配合、过盈配合、过渡配合三种，如图1-14所示。

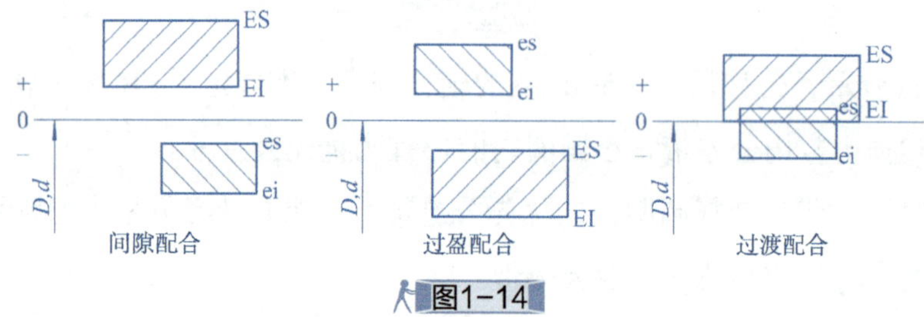

图1-14

（1）间隙配合　具有间隙（包括最小间隙等于零）的配合称为间隙配合。

间隙配合的公差带图的规律是孔公差带在轴公差带之上，如图1-15所示。图1-15c孔和轴的配合最小间隙为零。

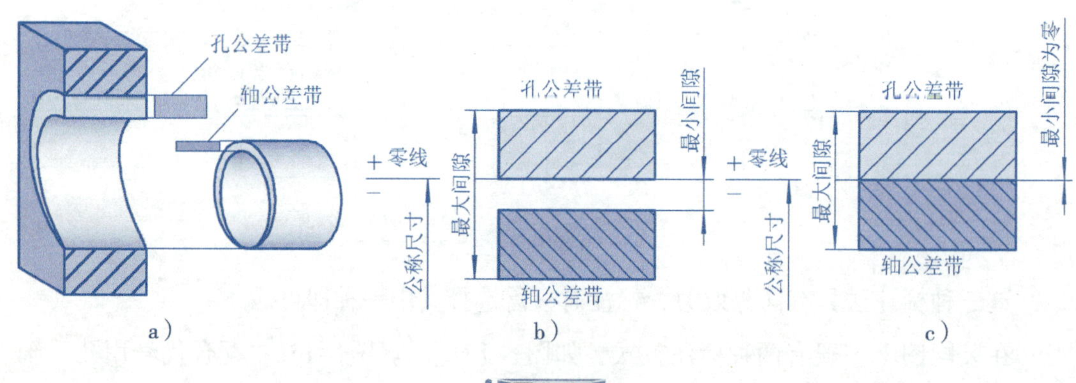

图1-15

（2）过盈配合　具有过盈（包括最小过盈等于零）的配合称为过盈配合。

过盈配合的公差带图的规律是轴公差带在孔公差带之上，如图1-16所示。其中，图1-16c孔和轴的配合最小过盈为零。

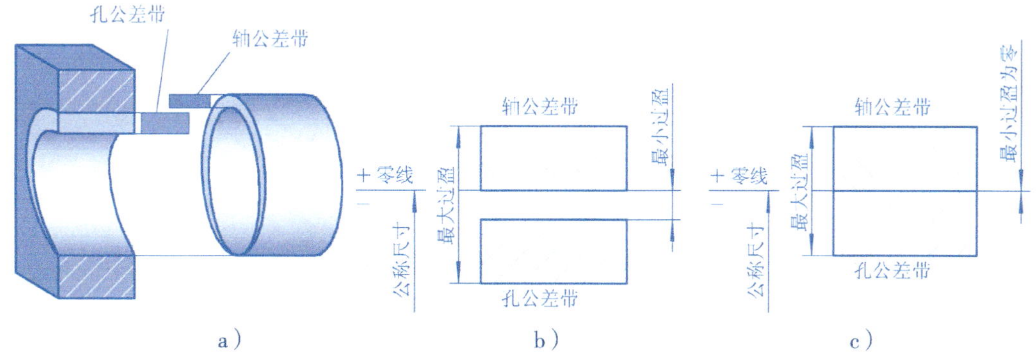

图1-16

（3）过渡配合　可能具有间隙或过盈的配合称为过渡配合，如图1-17所示。

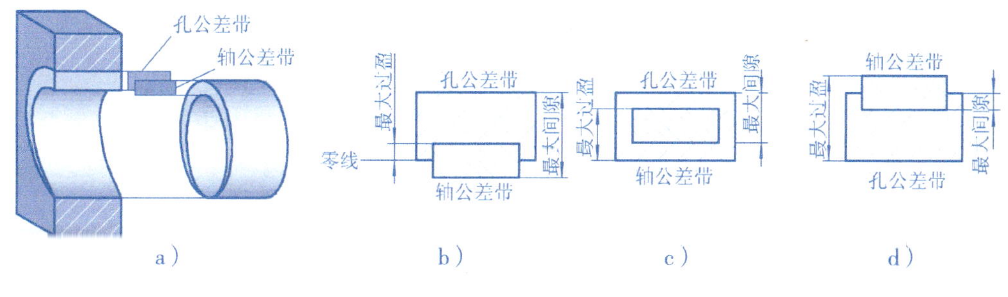

图1-17

2. 配合制

若任意一对公称尺寸相同的孔和轴配合，那么这种配合可以有几十万种。为简化定值刀具、量具和工艺装备的品种和规格，国家标准GB/T 1800.1—2009《产品几何技术规范（GPS） 极限与配合　第1部分：公差、偏差和配合的基础》规定了基孔制和基轴制两种配合制。

（1）基孔制　基孔制是指基本偏差为一定的孔的公差带，与不同基本偏差的轴的公差带形成各种（间隙、过盈、过渡）配合的一种制度，如图1-18所示。

基孔制中的孔称为基准孔，基准孔的基本偏差为下极限偏差，且数值为零，即基孔制的基本偏差代号为H。

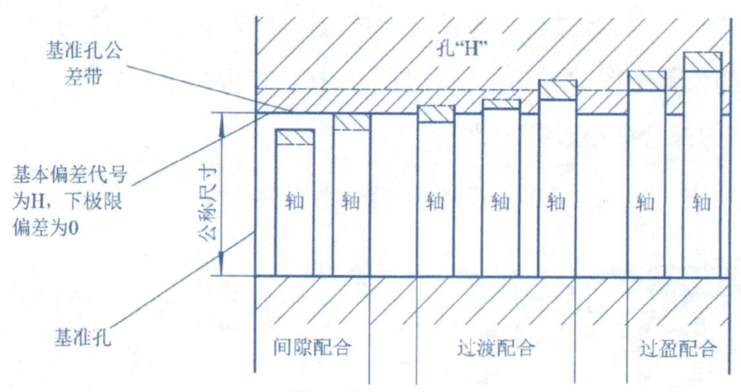

图1-18

（2）基轴制　基轴制是指基本偏差为一定的轴的公差带，与不同基本偏差的孔的公差带形成各种配合的一种制度，如图1-19所示。

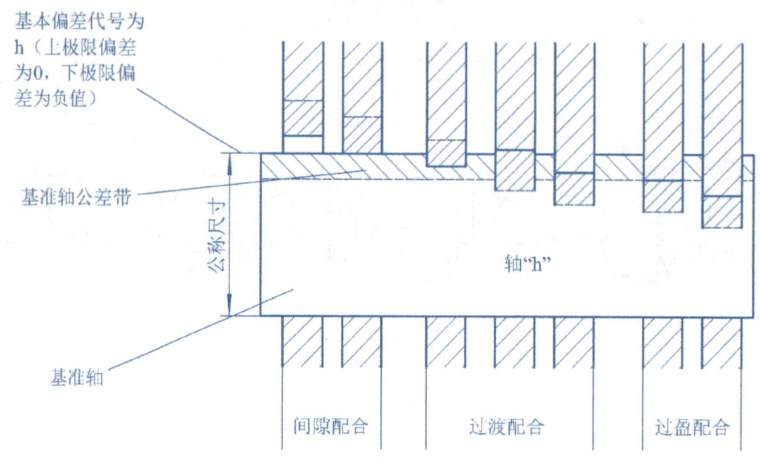

图1-19

基轴制中的轴称为基准轴，基准轴的基本偏差为上极限偏差，且数值为零，即基准轴的基本偏差代号为h。

3. 常用、优先选用配合

国家标准根据生产的实际情况，并参照国际公差标准，规定了公称尺寸为≤500 mm时的基孔制常用配合59种，其中13种为优先配合，见表1-6；规定了基轴制常用配合47种，其中13种为优先配合，见表1-7。

在选用时，优先选择优先配合，其次选择常用配合。

表1-6 基孔制常用、优先配合（摘自GB/T 1801—2009）

基准孔	轴																				
	a	b	c	d	e	f	g	h	js	k	m	n	p	r	s	t	u	v	x	y	z
	间隙配合								过渡配合			过盈配合									
H6						H6/f5	H6/g5	H6/h5	H6/js5	H6/k5	H6/m5	H6/n5	H6/p5	H6/r5	H6/s5	H6/t5					
H7						H7/f6	H7/g6	H7/h6	H7/js6	H7/k6	H7/m6	H7/n6	H7/p6	H7/r6	H7/s6	H7/t6	H7/u6	H7/v6	H7/x6	H7/y6	H7/z6
H8					H8/e7	H8/f7	H8/g7	H8/h7	H8/js7	H8/k7	H8/m7	H8/n7	H8/p7	H8/r7	H8/s7	H8/t7	H8/u7				
				H8/d8	H8/e8	H8/f8		H8/h8													
H9			H9/c9	H9/d9	H9/e9	H9/f9		H9/h9													
H10			H10/c10	H10/d10				H10/h10													
H11	H11/a11	H11/b11	H11/c11	H11/d11				H11/h11													
H12		H12/b12						H12/h12													

注：1. $\frac{H6}{n5}$、$\frac{H7}{p6}$ 在公称尺寸≤3mm和 $\frac{H8}{r7}$ 在公称尺寸≤100 mm时，为过渡配合。

2. 灰色底纹的配合为优先配合。

表1-7 基轴制常用、优先配合（摘自GB/T 1801—2009）

基准轴	孔																				
	A	B	C	D	E	F	G	H	JS	K	M	N	P	R	S	T	U	V	X	Y	Z
	间隙配合								过渡配合			过盈配合									
h5						F6/h5	G6/h5	H6/h5	JS6/h5	K6/h5	M6/h5	N6/h5	P6/h5	R6/h5	S6/h5	T6/h5					
h6						F7/h6	G7/h6	H7/h6	JS7/h6	K7/h6	M7/h6	N7/h6	P7/h6	R7/h6	S7/h6	T7/h6	U7/h6				
h7					E8/h7	F8/h7		H8/h7	JS8/h7	K8/h7	M8/h7	N8/h7									
h8				D8/h8	E8/h8	F8/h8		H8/h8													
h9				D9/h9	E9/h9	F9/h9		H9/h9													
h10				D10/h10				H10/h10													
h11	A11/h11	B11/h11	C11/h11	D11/h11				H11/h11													
h12		B12/h12						H12/h12													

注：灰色底纹的配合为优先配合。

七、未注公差

机械零件上各要素的形体尺寸、各要素相互位置尺寸、角度尺寸都有公差要求，但为了制图方便、简化设计，对加工工艺上能保证精度的尺寸在图样上就不必标注出公差，这些尺寸称为未注公差尺寸。对于这些未注公差尺寸，GB/T 1804—2000对一般公差——线性尺寸和角度尺寸的未注公差进行了具体规定，该标准适用于金属切削加工和冲压加工得到的线性尺寸、角度尺寸、尺寸要素的相互位置尺寸的未注公差，使用时查相关标准即可。

任务实施

【读一读】读懂图1-1零件图，并分析说明：

用查表法和公差带图解法分析ϕ50n6、ϕ32f6的极限偏差和$14_{-0.061}^{-0.018}$的公差带代号以及三个尺寸的公差带图，并说明这些要素在检测中合格尺寸的范围是什么？

试一试

任务解析（一）ϕ50n6、ϕ32f6的极限偏差及公差带图

方法一：用基本偏差和标准公差表确定极限偏差

1）查标准公差数值。两个尺寸的公差等级均为IT6级，查表1-2标准公差数值，两个尺寸的标准公差值均为0.016 mm。

2）查基本偏差值。查附表1轴的基本偏差数值，得ϕ32f6的基本偏差为上极限偏差es=−0.025 mm；ϕ50n6基本偏差为下极限偏差ei=+0.017 mm。

3）计算或用公差带图解求另一极限偏差。

ϕ32f6的下极限偏差ei=−0.025mm−0.016mm=−0.041mm

ϕ50n6的上极限偏差es=+0.017mm+0.016mm=+0.033mm

公差带图解法：ϕ50n6的公差带如图1-9所示；ϕ32f6的公差带如图1-20所示。

方法二：直接查极限偏差

查附表3轴的极限偏差数值，得ϕ32f6的极限偏差为$_{-0.041}^{-0.025}$，即$\phi 32\text{f6}=\phi 32_{-0.041}^{-0.025}$。

同理，查得ϕ50n6的极限偏差为$_{+0.017}^{+0.033}$，即$\phi 50\text{n6}=\phi 50_{+0.017}^{+0.033}$。

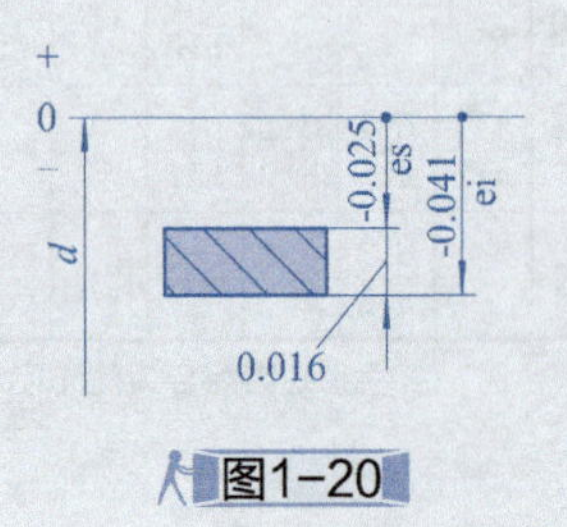

图1-20

任务解析（二）$14^{-0.018}_{-0.061}$的公差带代号及公差带图

方法一：查基本偏差和标准公差等级

查尺寸的基本偏差代号：

1）查附表2孔的基本偏差数值，与公称尺寸14对应的基本偏差为−0.018mm，其基本偏差代号为P，见表1-8。

表1-8　孔的基本偏差数值　（单位：μm）

公称尺寸/mm		基本偏差数值																							
		下极限偏差（EI）											上极限偏差（ES）												
大于	至	所有标准公差等级												IT6	IT7	IT8	≤IT8	>IT8	≤IT8	>IT8	≤IT8	>IT8	≤IT7	标准公差等级大于IT7	
		A	B	C	CD	D	E	EF	F	FG	G	H	JS	J			K		M		N		P至ZC	P	R
—	3	+270	+140	+60	+34	+20	+14	+10	+6	+4	+2	0	偏差=±IT_n/2(式中IT_n是IT值数)	+2	+4	+6	0	0	−2	−2	−4	−4	在大于IT7的相应数值上增加一个Δ值	−6	−10
3	6	+270	+140	+70	+46	+30	+20	+14	+10	+6	+4	0		+5	+6	+10	−1+Δ		−4+Δ	−4	−8+Δ	0		−12	−15
6	10	+280	+150	+80	+56	+40	+25	+18	+13	+8	+5	0		+5	+8	+12	−1+Δ		−6+Δ	−6	−10+Δ	0		−15	−19
10	14	+290	+150	+95		+50	+32		+16		+6	0		+6	+10	+15	−1+Δ		−7+Δ	−7	−12+Δ	0		−18	−23
14	18																								
18	24	+300	+160	+110		+65	+40		+20		+7	0		+8	+12	+20	−2+Δ		−8+Δ	−8	−15+Δ	0		−22	−28

2）查标准公差等级。

首先计算标准公差值：$14^{-0.018}_{-0.061}$的公差值T_h=|−0.018mm−（−0.016mm）|=0.043mm。

然后查表1-2标准公差数值，查得公差为0.043 mm、公称直径为14的尺寸标准公差等级为IT9级。

根据以上两个步骤，确定$14^{-0.018}_{-0.061}$的公差带代号为P9，即$14^{-0.018}_{-0.061}$=14P9。其公差带如图1-21所示。

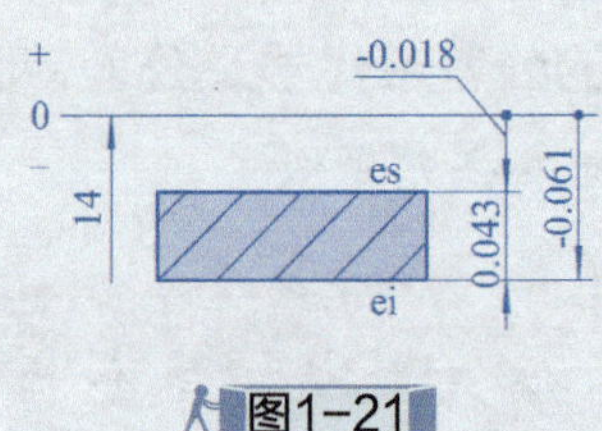

图1-21

方法二：直接查孔的极限偏差数值表

查附表 4 孔的极限偏差数值，根据公称尺寸和极限偏差，对应查到该尺寸的基本偏差代号为 P，公差等级为IT9，即公差带代号为P9，见表1-9。

表1-9　孔的极限偏差数值　（单位：μm）

公称尺寸/ mm		公差带						
		N			P			
大于	至	6	7	8	6	7	8	9
—	3	−4 −10	−1 −14	−1 −18	−6 −12	−6 −16	−6 −20	−6 −31
3	6	−5 −13	−1 −16	−2 −20	−9 −17	−8 −20	−12 −30	−12 −42
6	10	−7 −16	−4 −19	−3 −25	−12 −21	−9 −21	−15 −37	−15 −51
10	14	−9 −20	−5 −23	−3 −30	−15 −26	−11 −29	−18 −45	−18 −61
14	18							

任务解析（三）合格尺寸范围

这些要素的合格尺寸范围是：$d_{min} \leqslant d_a \leqslant d_{max}$（$D_{min} \leqslant D_a \leqslant D_{max}$），则

ϕ 32f6= ϕ 32 $^{-0.025}_{-0.041}$的合格尺寸范围为 ϕ 31.959~ϕ 31.975mm。

ϕ 50n6= ϕ 50 $^{+0.033}_{+0.017}$的合格尺寸范围为 ϕ 50.017~ϕ 50.033mm。

14 $^{-0.018}_{-0.061}$ =14P9 的合格尺寸范围为 13.939~13.982mm。

任务评价

参照国家标准GB/T 1800.1—2009《产品几何技术规范（GPS） 极限与配合　第1部分：公差、偏差和配合的基础》以及GB/T 1800.2—2009《产品几何技术规范（GPS） 极限与配合　第2部分：标准公差等级和孔、轴极限偏差表》，并根据任务实施过程，完成表1-10的任务评价。

表1-10　极限配合基础知识入门任务评价

零件名称		编号		姓名		日期	
序号	评价内容				要求	自评	互评
1	术语阐述	尺寸、偏差、尺寸公差、基本偏差、孔轴公差带、配合、未注公差尺寸			流畅正确		
2	查表方法	查标准公差数值表、基本偏差数值表以及孔、轴极限偏差数值表			快而准		
3	图解法	会用公差带图解法，图解基本要素（如零线、正负号、公差带大小、上下极限偏差标注等）			正确规范		
4	判断配合性质	会判断配合性质、配合制，探究、尝试配合公差带图解画法			判断正确		
5	判断合格尺寸	说出合格尺寸判断的几种方法，并会快速、准确地判断合格尺寸			快而准		
6	识读图样	正确识读图样上的尺寸公差标注			正确		
教师评语							

任务拓展

解读图样中公差与配合的选择

国家标准GB/T 1800.1—2009《产品几何技术规范（GPS） 极限与配合　第1部分：公差、偏差和配合的基础》规定了基孔制和基轴制两种配合制以及间隙配合、过盈配合、过渡配合三种配合类型。如何识读装配图中配合公差代号含义，理解这些配合公差设计的意图，是学习极限与配合知识所必需的。

图1-22a所示为发动机的曲柄连杆机构，主要零部件有活塞组件、连杆组件、曲轴等。其中活塞组件中有三对配合尺寸，分别是ϕ34G6/h5、ϕ34M6/h5、ϕ42H7/r6，如图1-22b所示。

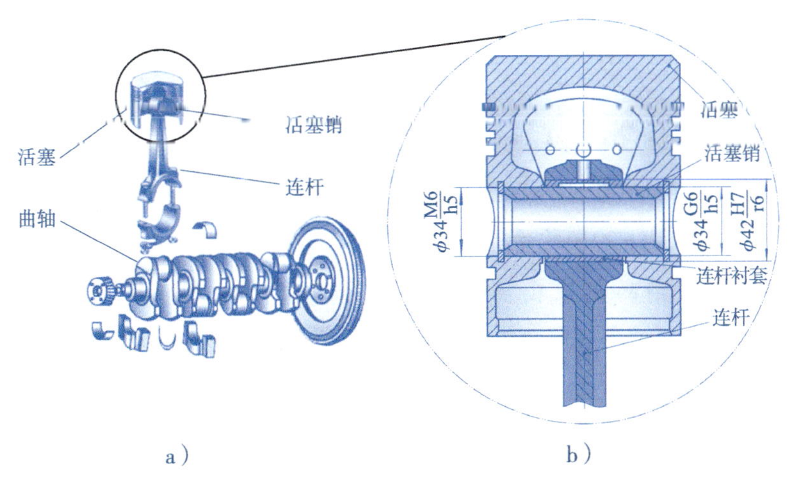

图1-22

想一想

这三个配合尺寸采用了什么配合制？属于哪类配合？为什么要这样设计？

试一试

解读一——读懂配合零件关系

在这一活塞组件中，活塞销与连杆衬套孔间应能相对转动，活塞销的两端与活塞销孔间不要求有相对运动，但为了便于装拆又不宜太紧；连杆衬套和连杆之间不要求有相对运动。

按照这样的工作要求，活塞销与连杆衬套孔间应采用间隙配合，配合尺寸为 ϕ34G6/h5；活塞销的两端与活塞销孔间宜采用过渡配合，配合尺寸为 ϕ34M6/h5；连杆衬套和连杆之间宜采用过盈配合，配合尺寸为 ϕ42H7/r6。

解读二——读懂配合制

从配合尺寸看，ϕ34G6/h5、ϕ34M6/h5 表示活塞销分别与连杆衬套和活塞的配合，采用的是基轴制，ϕ42H7/r6 采用的是基孔制。

按前面所述，一般的配合首选基孔制。但这个图中销与活塞和连杆衬套的配合却选择的是基轴制，这是为什么呢？

销与活塞和销与连杆衬套的配合位置共有三个，如图 1-23 所示。按照从左至右的顺序，三个配合关系分别为过渡配合、间隙配合和过渡配合。若采用基孔制，则活塞销必须做成两头粗的阶梯形轴，如图 1-24a 所示，这样才能满足三段的不同配合要求。但这种形状的活塞销加工不方便，而且装配时容易将连杆衬套挤坏。从强度方面考虑，受力最大的截面轴颈处变细也不符合设计要求。

若选用基轴制，则三段的配合分别为 ϕ34M6/h5、ϕ34G6/h5、ϕ34M6/h5，满足三段的不同配合要求，且活塞销可制成光轴，这样加工方便，也解决了装配上的问题，如图 1-24b 所示。

ϕ42H7/r6 采用的是基孔制，符合一般的配合制选择原则。即将连杆衬套的外圆表面作为轴，按连杆内孔的加工要求、根据过盈配合性质来决定连杆衬套的加工要求。

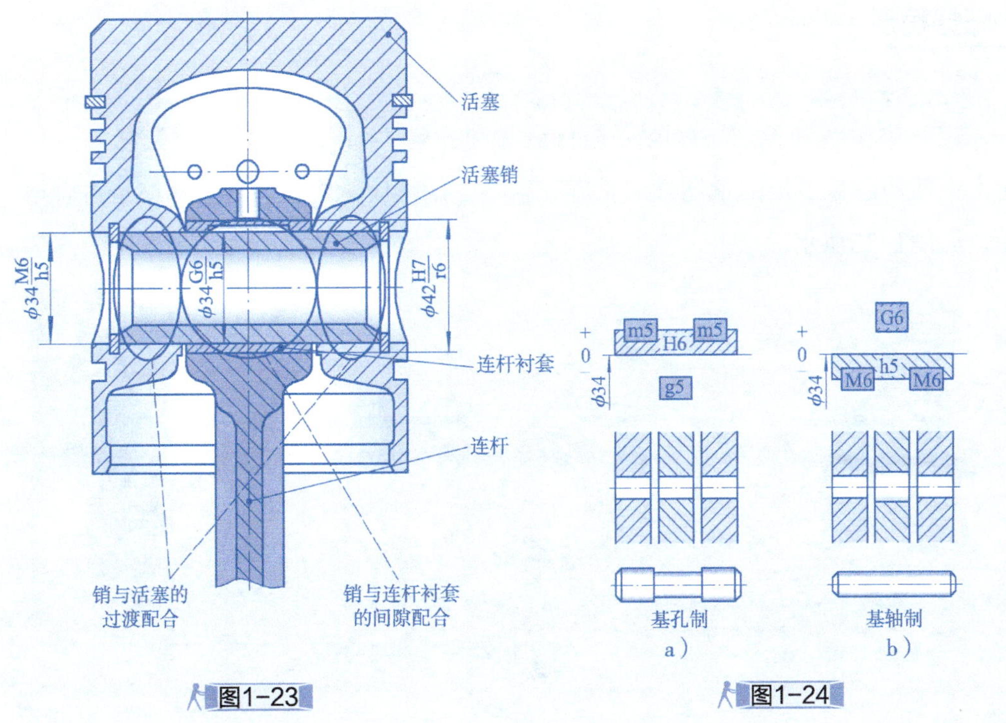

图1-23　　图1-24

尝试用查表法确定 ϕ34G6/h5、ϕ34M6/h5、ϕ42H7/r6 的偏差并画出公差带图。

任务二　测量基本知识入门

学习目标

- 理解测量与检验、精度与误差的概念；
- 能说出常用的计量器具及其分类；
- 了解常用测量方法分类；
- 了解计量器具基本技术指标，学会根据测量要求初步正确选择计量器具；
- 初步学会测量误差的分析；
- 正确认识测量技术在产品质量管理中的重要作用；
- 初步了解测量基本知识及技能，提升学习兴趣。

任务呈现

在日常生活和生产中经常要进行测量和检验。如人们拿钢卷尺测量长度，生产中使用游标卡尺测量零件的长度或直径、用螺纹量规检验普通螺纹是否合格等，如图1-25所示。

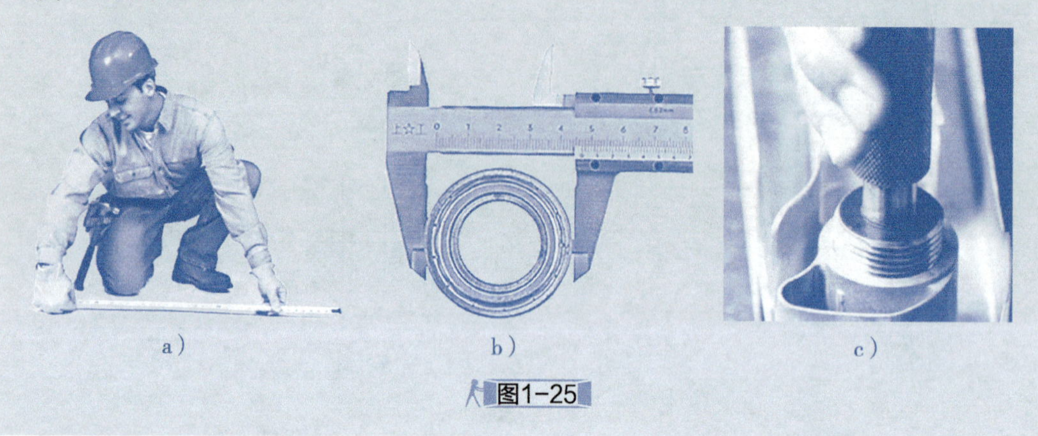

a)　　b)　　c)

图1-25

想一想

1）图 1-25 中哪些属于测量、哪些属于检验？分别用了哪些计量器具？

2）采用的是什么测量方法？

3）为保证测量精度，应如何尽量减少测量误差？

知识链接

高质量产品的制造和高效率生产环境的构建需要测量技术。只有实行严格的质量管理，才能保证高质量的生产，制造业才能生存和发展。因此，人们普遍认识到测量技术在产品质量管理中的重要作用。

一、测量和检验

测量技术包括“测量”和“检验”。所谓“测量”是将被测几何量与作为计量单位的标准量进行比较，从而确定被测几何量是计量单位的倍数或分数的过程，如图1-25a、b所示均是测量。“检验”是确定被测几何量是否在规定的极限范围内，从而判断是否合格的过程，不一定得出具体的量值，如图1-25c所示。

图1-25b中用游标卡尺测量滚动轴承的外径，其实质就是用一定的测量方法——使用游标卡尺测量，对被测对象——滚动轴承外径进行测量，得出在一定测量精度范

围内、单位为mm的比较值（即测量结果）。因此，一个完整的测量过程应包括测量对象、测量方法、测量单位和测量精度四个要素。

（1）测量对象　主要指几何量，包括长度、角度、表面粗糙度、几何形状和相互位置等。

（2）计量单位　中国法定计量单位在几何量的测量中，沿用国际计量单位中的长度单位是米（m），平面角度的计量单位是弧度（rad）。其中机械制造中常用的长度计量单位为毫米、微米等，平面角度常用计量单位为度（°）、分（′）、秒（″）等。具体见表1-11。

表1-11　常用计量单位及其换算关系

量名称	单位名称	单位符号	换算关系
长度	米	m	1 m=1000 mm
	毫米	mm	1 mm=1000 μm
	微米	μm	1 μm=1000 nm
	纳米	nm	
平面角度	弧度	rad	1rad=57.29578°
	度	°	1°=60′
	分	′	1′=60″
	秒	″	

在长度计量换算关系中，国家标准规定了用于构成十进倍数和分数单位的词头，见表1-12。

表1-12　用于构成十进倍数和分数单位的词头

所表示的因素	词头名称	词头符号	所表示的因素	词头名称	词头符号
10^{12}	太[拉]	T	10^{-1}	分	d
10^{9}	吉[咖]	G	10^{-2}	厘	c
10^{6}	兆	M	10^{-3}	毫	m
10^{3}	千	k	10^{-6}	微	μ
10^{2}	百	h	10^{-9}	纳[诺]	n
10^{1}	十	da	10^{-12}	皮[可]	p

（3）测量方法　测量方法是指测量时所采用的测量原理、计量器具和测量条件的总和。

（4）测量精度　测量精度是指测量结果与真值的一致程度。由于测量误差的存在，测量结果与真值只是近似。测量误差小，说明测量结果与真值一致性高，测量精度就高。

二、计量器具

计量器具是测量工具和测量仪器的总称，按结构特点可分为量具、量规、量仪和计量装置等四类。

1. 量具

量具通常指结构比较简单的测量工具，包括单值量具和多值量具两种。单值量具是指复现几何量的单个量值的量具，如量块、角度块等，图1-26a所示为量块；多值量具是指复现一定范围内的一系列不同量值的量具，如线纹尺（图1-26b）等。

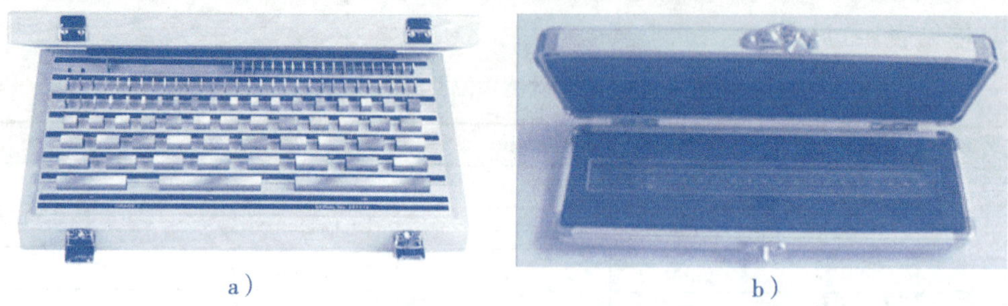

a）　　b）

图1-26

量块一般成套使用，作为计量标准，用于量值传递。多值量具又称通用量具，按其结构又可分为：固定刻线量具，如图1-27a所示的钢直尺，图1-27b所示的钢卷尺；游标量具，如图1-28a所示的游标卡尺，图1-28b所示的游标万能角度尺；螺旋测微量具，如图1-29a所示的外径千分尺，图1-29b所示的内径千分尺，图1-29c所示的螺纹千分尺。

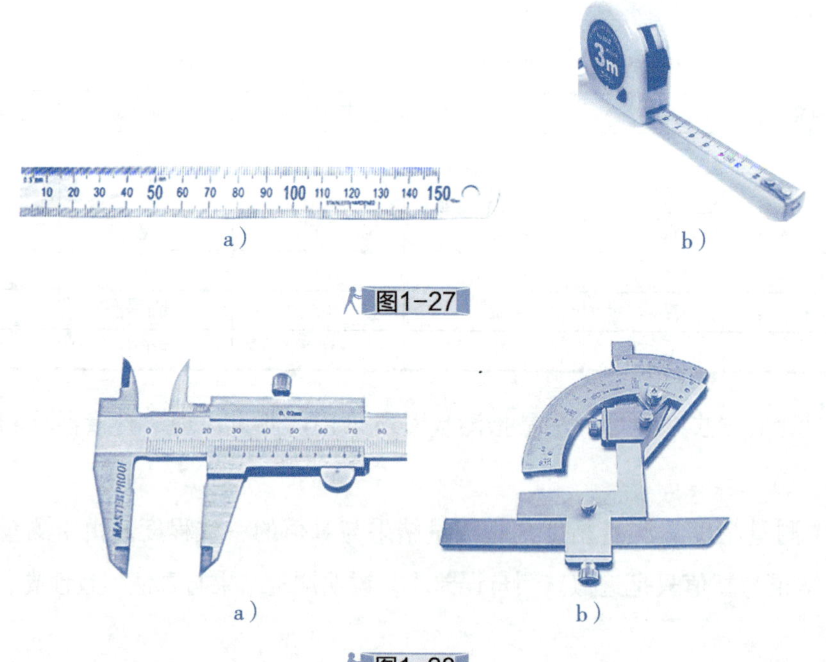

a）　　b）

图1-27

a）　　b）

图1-28

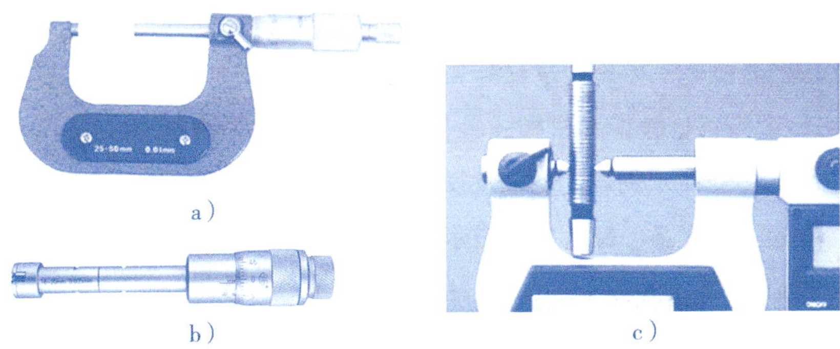

a）　b）　c）

图1-29

2. 量规

量规是指没有标尺的专用计量器具，用以检验零件提取组成要素尺寸和几何误差的综合结果是否在规定的范围内。检验只能判断被测几何量合格与否，而不能获得被测几何量的具体数值。

生产实践中的量规种类较多，如图1-30a所示的光滑极限轴用量规、图1-30b所示的光滑极限孔用量规、图1-31所示的内外螺纹量规和图1-32所示的内外圆锥量规等。

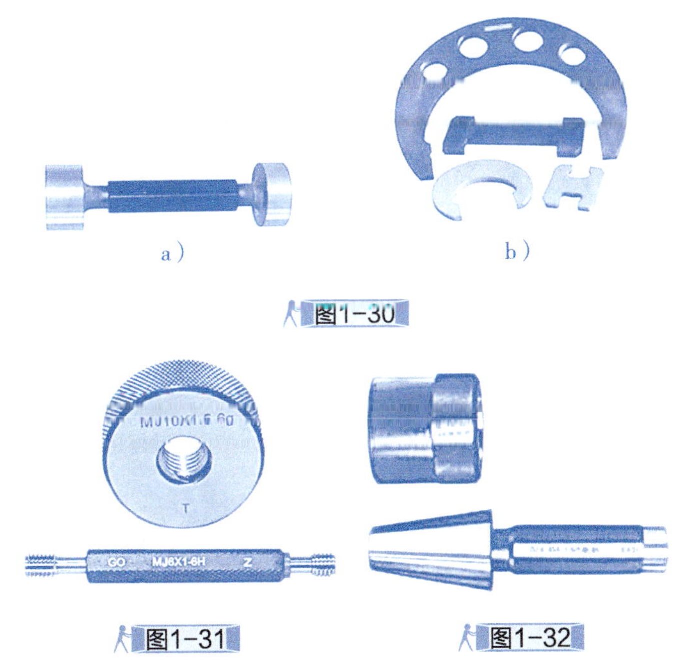

a）　b）

图1-30

图1-31　图1-32

3. 量仪

量仪是指能将被测几何量的量值转换成可直接观测的指示值或等效信息的计量器

具。按工作原理和结构特征，量仪可分为机械式、光学式、电动式和气动式以及这些形式组合而成的光机电一体现代量仪等。

图1-33所示的百分表即为机械式量仪的一种；图1-34所示的万能测长仪为光学式量仪的一种；1-35所示的电动轮廓仪属于电动式量仪。而三坐标测量仪是光机电一体的新颖高效的测量仪器，如图1-36所示。

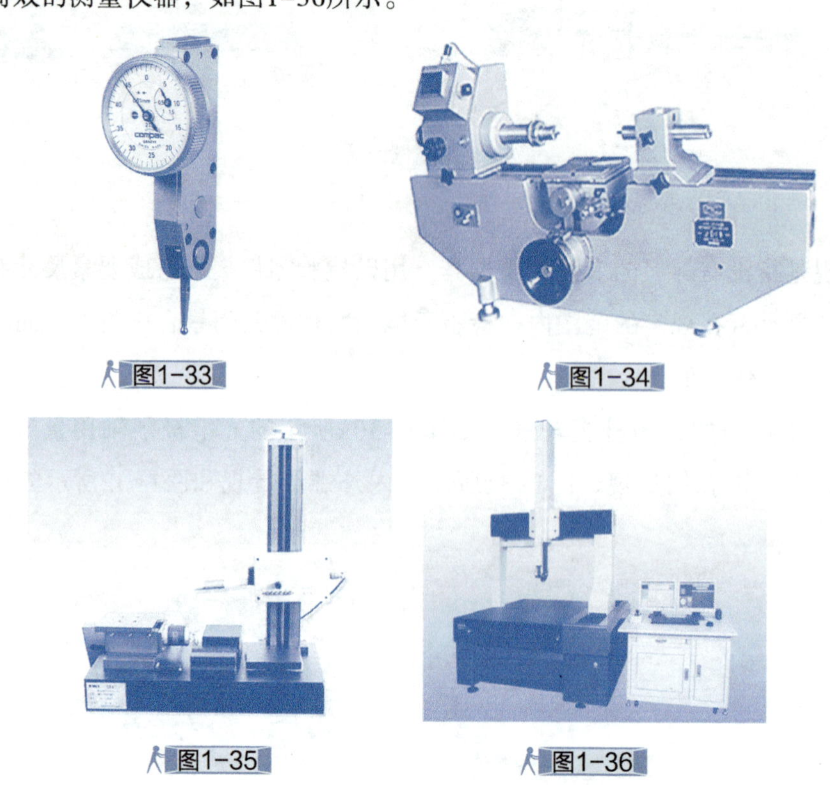

图1-33　图1-34

图1-35　图1-36

4. 计量装置

计量装置是指为确定被测几何量量值所必需的计量器具和辅助设备的总体。它能够测量较多的几何量和较复杂的零件，有助于实现检测自动化或半自动化，如连杆、滚动轴承等零部件可用计量装置来测量。

三、测量方法

测量方法对测量工作十分重要，它关系到测量任务是否能完成。因此要分析不同测量任务的具体情况，找出切实可行的测量方法，再选择合适的测量工具，组成测量系统，进行实际测量。测量方法可按不同特征进行分类。

1. 直接测量和间接测量

按是否直接量出所需的量值，可分为直接测量与间接测量。所谓直接测量是指直

接用量具或量仪测出被测几何量值的方法，如图1–37a是用游标卡尺直接量出尺寸L；而间接测量则需要先测出与被测几何量相关的其他几何参数，再通过计算获得被测几何量值的方法，如图1–37b中两孔中心距L无法直接量出，因此通过测量L_1和L_2的值，并通过换算$L=（L_1+L_2）/2$间接得到测量值。

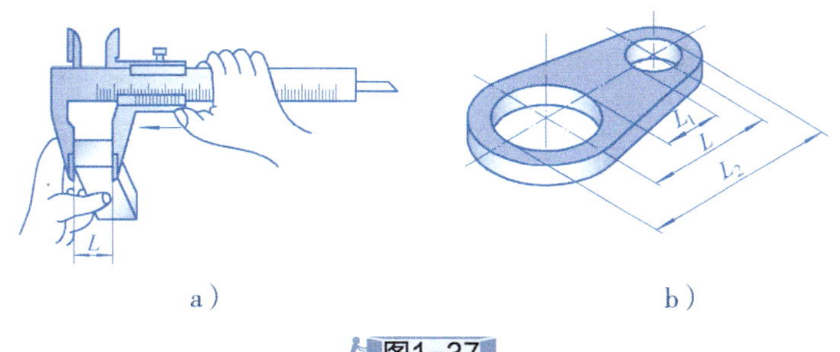

a）　　　　b）

图1–37

2. 接触测量与非接触测量

接触被测对象的测量称为接触测量。

远离被测对象的测量称为非接触测量，如光学投影仪、激光测量、气动测量等。图1–38所示为台式光学投影仪中的轮廓投影仪，被测零件表面与测量头没有直接接触。

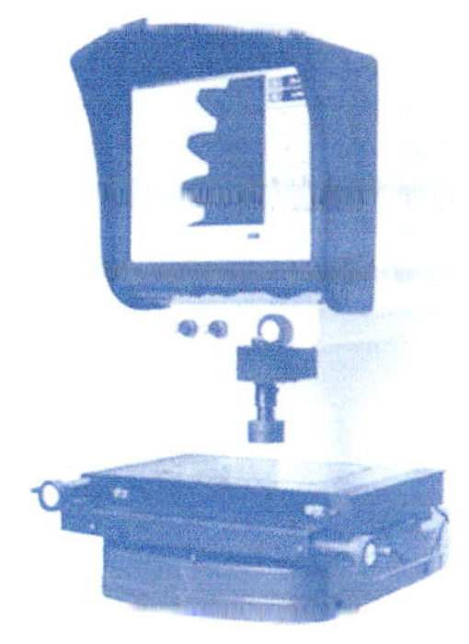

图1–38

3. 单项测量与综合测量

单项测量是对多参数的被测物体的各项参数分别测量，综合测量是对被测物体的综合参数进行测量。

4. 主动测量与被动测量

主动测量是指在产品制造过程中的测量。它可以根据测量结果控制加工过程，以保证产品质量，预防废品产生。

被动测量是在产品制造完成后的测量。这种测量不能预防废品产生，只能发现和挑出废品。

四、测量误差

测量结果与真值之间的差值称为测量误差。

测量时，由于计量器具、测量方法的不完善，测量人员的使用不当或失误，测量环境偏离标准等各种因素，不可避免地会产生测量误差。了解这些因素并能有效解决，才能使测量误差尽可能减至最小。

测量误差一般分为系统误差、随机误差和粗大误差。

系统误差是在重复性条件下，对同一被测量进行多次测量所得结果的平均与被测量的真值之差。系统误差对测量结果的影响较大，应加以修正，尽量减小或消除，以提高测量精确度。

随机误差是测量结果与在重复性条件下，对同一被测量进行多次测量所得结果的平均值之差。在每次测量中，随机误差的大小、正负在测量前都不能确定，它们的出现是随机的。从概率论的角度看，随机误差趋于正态分布。

粗大误差是超出规定条件下预计的误差。粗大误差的绝对值较大，是对测量结果的明显歪曲，应加以剔除。这种误差是由于测量者主观上的疏忽或客观条件的突变（如外界干扰、振动等）等所造成的。

任务实施

根据图1–25进行以下思考。

想一想

1）图 1–25 中哪些属于测量、哪些属于检验？分别用了哪些计量器具？

2）采用的是什么测量方法？

3）为保证测量精度，应如何尽量减少测量误差？

试一试

任务解析（一）

图 1-25a 是用钢卷尺（固定刻线量具）测量长度，图 1-25b 是用游标卡尺（游标类量具）测量滚动轴承外径，图 1-25c 是用螺纹量规（有止端和通端）检验图中螺纹是否合格。

任务解析（二）测量方法分析

根据测量方法的不同角度分类，图 1-25a 可以是直接测量、接触测量、单项测量，但不能确定是主动测量或被动测量，根据不同的生产情景均可以。

图 1-25b 是用游标卡尺测量滚动轴承的外径，属于直接测量、接触测量、单项测量、被动测量。

图 1-25c 是用螺纹量规（有止端和通端）检验图中螺纹是否合格，因此属于直接测量、接触测量、综合测量。这种测量可以在螺纹加工过程中进行，也可以在螺纹加工完成后进行，因此可以是主动测量或是被动测量。

任务解析（三）测量误差的减少

测量误差在测量过程中不可避免。但为使测量结果更接近真值，需要分析误差可能产生的原因并努力寻求解决办法。

产生误差的原因很多，一般来说有以下几种：

1）由于计量器具本身的设计、制造、装配和使用调整不准确而造成的误差。如图 1-25b 中若游标卡尺两测量爪因磨损在并拢时有光隙，存在“零位误差”，需要在读数后用修正值加以修正。若千分尺对零位时活动套管有刻度偏移，也需要在读数中添加修正值加以修正。当然，还可以根据测量的需要采用更精密的仪器，提高测量精度。如图 1-25b 中可以采用游标卡尺测量滚动轴承的外径，依靠量具本身的精度提高测量精度。

2）由于测量方法不准确而造成的误差，如误读、误算、视差、测量力误差、测量姿势、手法不正确等。这就要求要学会正确的测量方法。

3）由于测量环境不符合标准状态而产生的误差，如环境突变、发生振动、温度变化等。

对上述原因的分析、归类，需要辨别哪些是系统误差，哪些是随机误差。若属于随机误差，需要在同样条件下重复多次测量、多部位测量，并将各测量结果求算术平均值，以此提高测量精度。

4）由于测量人员的主观因素和技术水平引起的误差。这类误差多表现为粗大误差。减少这类人为误差，一方面需要测量者一丝不苟、严谨细致，减少因主观上的疏忽大意而造成的误读、误算、视差，尽可能避免外界的干扰、振动等因素；另一方面，需要测量者切实提高测量技术水平，以提高测量精度。

任务评价

通过以上学习，根据任务实施过程，将完成任务情况记入表1-13中，完成任务评价。

表1-13 测量基本知识入门任务评价

零件名称		编号	姓名		日期	
序号	评价内容			要求	自评	互评
1	区分测量、检验	区分本任务所列计量器具哪些属于测量，哪些属于检验		正确，理由充分		
2	归纳分类	能正确绘制测量方法分类图表		完整、清晰		
3	尝试测量	尝试一种简单的测量，并初步能进行测量误差的分析		测量手势方法正确，误差分析合理		
4	计量起源	以某一成语、典故或经典案例探究计量单位或方法等的起源，写成短文		原创、文字简洁通顺，描述生动有趣		
教师评语						

任务拓展

探究计量单位的变迁

阅读以下材料，利用网络、书籍等资料，借由成语、典故或经典案例，探究计量单位的起源、变迁，并写成短文。

【阅读材料】长度计量单位的变迁

一、测量标准的起源

古埃及的胡夫金字塔塔底边长与平均边长相差不过0.05%是如何做到的？

古埃及人被尊称为第一个建立测量标准的民族，人类文明史有记载的最早的测量标准物即来自古埃及：埃及人将法老的小臂拐肘到中指间的距离称作“腕尺”，如图1-39a所示。为确保其稳定性和永久性，腕尺用质地坚硬的花岗岩制作，并刻划为448等分，作为直线测量的标准，使得古埃及人建成令世人称奇的建筑结构。

古希腊用美男子库里修斯的双手伸开时，两手中指尖的距离为长度标准，称一浔；而在古罗马，恺撒大帝以其军队行军时行走两千步为罗马里。后来英国人沿用至今，便是英里的由来。

而码的标准诞生是在公元9世纪，由英皇亨利一世的鼻尖到食指尖的距离，如图1-39b所示。英寸的起源则是10世纪英王埃德加的拇指关节长度，如图1-39c所示。但到了14世纪，英皇爱德华二世颁布“标准合法英寸”，即从大麦穗中选取三粒最大的麦粒排成一行的长度就是1英寸。

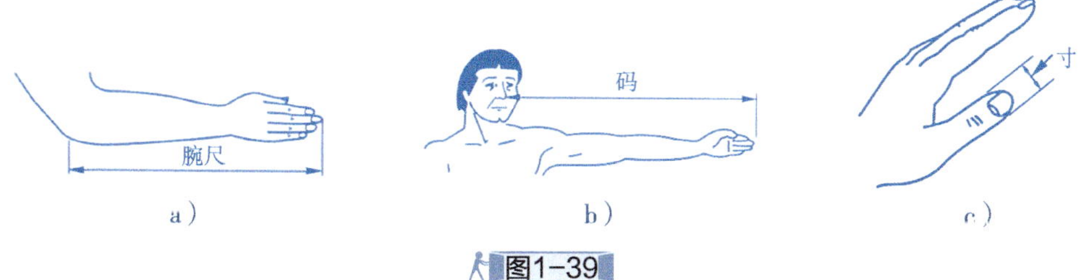

图1-39

作为文明古国的中国，长度标准随着历史的变迁而变化。史书记载，远古时期，人们便“布手知尺”（图1-40a）“身高为丈”“迈步定亩”。古人中指中节之长被定义为1寸，直到现在，中医的针灸中还袭用这个长度标准。

目前已知的中国最早的长度标准实物是安阳殷墟出土的商尺。这支骨尺由兽骨磨成，尺长17cm，上面标刻着等长的十个单位,如图1-40b所示。到了春秋战国时期，各国诸侯纷纷定义自己领土内的长度标准，使中华大地长度标准极为混乱，给国与国之间的交流造成了极大的不便。及至秦始皇统一中国，也统一了度量衡，才开始统一使用秦国的长度标准。

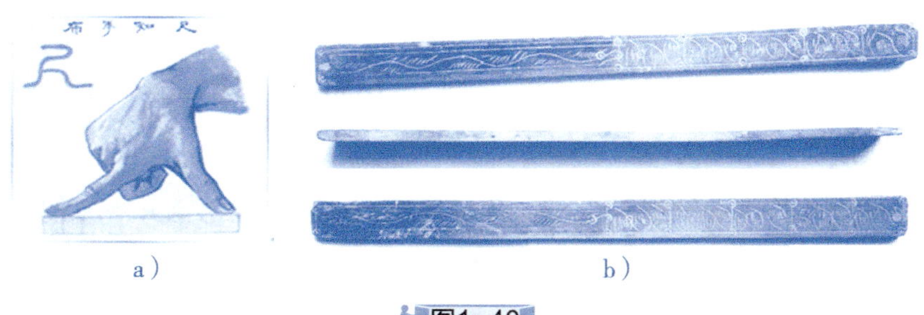

a）　b）

图1-40

在大唐盛世，以唐太宗李世民的双步（左右脚各迈一步）为尺寸标准，称为“步”，并规定三百步为一里。一“步”的五分之一为一尺。唐代一尺合现在0.303m，一里合454.2m。

二、“米”的由来

近代科学的发展是和计量的发展紧密联系在一起的，在力学三大基本单位秒、千克、米中，“米”的“身世”最传奇。

“米”的确定和广泛使用，要归功于法国人。1791年，在法国著名科学家拉格朗日的推动下，法国当局规定：把经过巴黎的地球子午线的四千万分之一定义为1米。也就是说，1米等于从地球极点到赤道距离的一千万分之一。经过法国天文学家约瑟夫·德朗布尔（图1-41a）和安德烈·梅尚（图1-41b）先后7年的细致勘测，法国度量衡委员会用铂铱合金制成了一根标准米尺存档，这就是我们常说的“米原器”，图1-41c所示为原器的复制品。

a）

b）

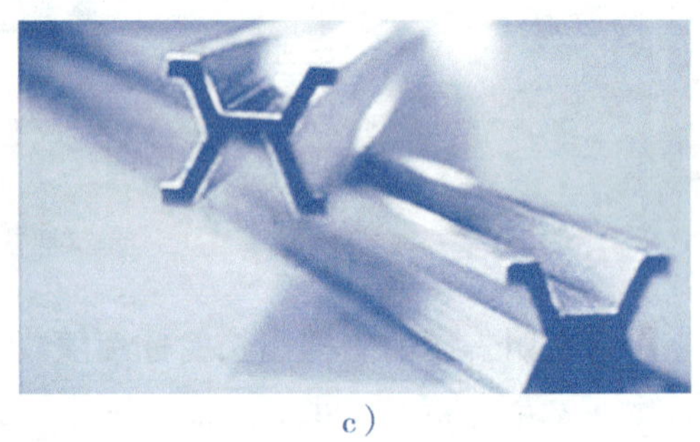
c）

图1-41

1812年，法国颁布实行米制，并在1837年在全国强力推行，使米制率先在法国扎根。1875年，国际度量衡委员会在巴黎召开会议，确定米制为标准国际长度长度。法、德、美、俄等17国政府代表还共同签署了《米制公约》。

但随着科学技术对长度标准的精确度要求越来越高，米原器开始逐渐显得不能适应科技的需要了。于是，一种更加精确且不会损坏的自然基准开始应运而生。1960年第11届国际计量大会上，科学界重新规定了米的标准。新标准规定，在真空中，氪86（氪一种同位素）发出各向同性的橙色光波长的1650763倍为1米。显然，这个规定摆脱了米原器截面误差的困扰。

但氪86的光波长度的确很难获得，各国在使用过程中也感觉并不方便。于是1983年，国际计量局又重新定义了米的标准，即1米等于光在真空中于1/299792458秒时间间隔内所经路径的长度。这个标准被一直沿用至今。

项目总结

本项目主要介绍极限与配合有关术语以及测量基本知识。通过本项目的学习，旨在引领学习者跨入极限配合与测量技术的“门槛”，并为后续项目学习打好基础。同时，这些入门知识也是从事机械类岗位所必备的。学习本项目，不能靠死记硬背，而是要在理解的基础上综合分析、应用。当然，在实际工作过程中，可以充分借助工具书或网络资源查找相关信息，但其中介绍的类似查表、问题探究等基本技能、技巧，需要在学习的过程中注重训练并逐渐积累。

项目评测

一、填空题

1. 极限尺寸用于控制______尺寸，并判定尺寸______。

2. 孔和轴尺寸合格的条件用极限尺寸表示是______和______。

3. 偏差是指某一尺寸减其______所得的代数差，包括______、______等。

4. 孔和轴的上极限偏差分别用________和________表示，下极限偏差分别用________和________表示。

5. 公差带是由________大小和其相对零线的________如基本偏差来确定的。

6. 标准公差等级共分________级，其中________级精度最高，________级精度最低。

7. 基本偏差 H（或h）的位置与零线重合，表示H（或h）______等于零；JS（或js）的公差带跨零线两侧呈对称分布，表示其上下极限偏差各为________。

8. 尺寸ϕ50n6表示________为ϕ50，轴的基本偏差代号为________，标准公差等级为________。

9. 孔、轴的公差带代号由__________和__________组合而成，反映孔或轴的或允许的________的大小。

10. 在零件图上孔、轴公差带的标注有三种方式，即____、_____和_____。

11. 配合是指______相同的并且相互______的孔、轴______之间的关系。

12. 一个完整的测量过程应包括________、________、________和________四个要素。

13. 机械制造中常用的长度计量单位为________和________。

14. 计量器具是________和________的总称，按结构特点可分为________、________、________和________四类。

15. 量仪是指能将被测几何量的________转换成可________的指示值或等效信息的计量器具。

16. 按是否直接量出所需的量值，可分为________和________。

17. 测量误差一般分为________、________和________。

18. 用量规检验工件时，只能判断工件______，而不能获得工件的______。

二、判断题

1. 零件的实际（组成）要素尺寸就是被测量零件的实际值。（　）

2. 零件同一表面上不同位置的实际（组成）要素不一定相等。（　）

3. 合格零件的实际偏差应在规定的上、下极限偏差之间。（　）

4. 尺寸公差可以为零或负。（　）

5. 公差和偏差都能反映零件的加工精度，也都能判断零件是否合格。（　）

6. 轴ϕ30和ϕ80，其标准公差等级均为IT6级，表明两个尺寸的精度要求一样。（　）

7. 基本偏差可以是上极限偏差或下极限偏差，也可以上、下极限偏差都作为基本偏差。（　）

8. 基本偏差系列图中，公差带应该是一个封闭的线框。（　）

9. 基本偏差有28种，标准公差等级有20种，因此组成的孔和轴的公差带有560种。（　）

10. 孔、轴公差带的优化是为了解决定值刀具、量具和工艺装备的品种和规格过于繁杂等问题。（　）

11. 间隙配合的公差带图的规律是孔公差带在轴公差带之上，最小间隙不能为零。（　）

12. 基孔制中的孔称为基准孔，基准孔的基本偏差为下极限偏差，且数值为零，即基孔制的基本偏差代号为H。（　）

13. 基轴制中的轴称为基准轴，基准轴的基本偏差为上极限偏差，且数值为零，即基准轴的基本偏差代号为h。（　）

14. 尺寸公差大的一定比尺寸公差小的公差等级低。（　）

15. 过渡配合的孔、轴公差带一定互相重叠。（　）

16. 基孔制的间隙配合，其轴的基本偏差一定为负值。（　）

17. 用螺纹量规检验普通螺纹是否合格属于测量。（　）

18. 量规只能用以检验零件提取组成要素尺寸和几何误差的综合结果是否在规定的范围内。（　）

19. 百分表即为机械式量仪。（　）

20. 主动测量可以根据测量结果控制加工过程，以保证产品质量，预防废品产生。（　）

21. 被动测量能预防废品产生，也能发现和挑出废品。（　）

三、问答分析题

1. 解释下列名词的含义。

公称尺寸、实际（组成）要素、实际偏差、极限偏差、基本偏差、极限尺寸、公差、公差带、标准公差、基轴制、基孔制、未注公差尺寸、测量、检验、测量方法、测量精度、测量误差。

2. 有一组相配合的孔和轴为ϕ30N8/h7,试分析并作答。

1）查两个尺寸的极限偏差是ϕ30N8（　　），ϕ30h7（　　）。

2）孔的基本偏差是________mm,轴的基本偏差是________mm。

3）孔的公差为________mm,轴公差为________mm。

4）配合的基准制是________；配合性质是________配合。

5）配合公差等于________mm。

6）计算出孔和轴的最大、最小实体尺寸。

3. 按ϕ30M8加工一孔，完工后测得尺寸为ϕ29.975mm。

1）查表1-14确定该孔的极限偏差和极限尺寸。

表 1-14 （单位：μm）

公称尺寸/mm		M基本偏差为ES		Δ值		公称尺寸/mm		标准公差数值		
大于	至	≤IT8	>IT8	IT7	IT8	大于	至	IT7	IT8	IT9
24	30	−8+Δ	−8	8	12	18	30	21	33	52
30	40	−9+Δ	−9	9	14	30	50	25	39	62

2）判定所加工的孔是否合格？为什么？

4. 已知一对过盈配合的孔轴公称尺寸为ϕ50mm，孔的公差T_h=0.025mm，轴的上极限偏差es=0，最大过盈Y_{max}=−0.050mm，配合公差T_f=0.041mm。试求：

1）孔的上、下极限偏差ES、EI。

2）轴的下极限偏差ei，公差T_s。

3）画出公差带示意图。

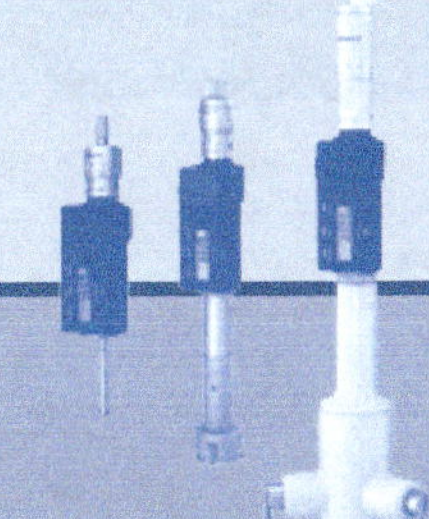

项目二

测量零件线性尺寸

项目描述

线性尺寸，简称尺寸，是指两点之间的距离，如直径、半径、宽度、深度、高度、中心距等。零件图或装配图上一般会有多种线性尺寸，按照我国国家标准采用毫米（mm）为尺寸的基本单位。

在零件的加工过程中或质量检测过程中，根据图样要求正确选择量具并准确测量，是机械加工一线操作人员和质量检验员必须掌握的基本技能之一。

任务一　测量零件长度、高度和深度

学习目标

- 能根据图样尺寸要求选择量具并确定合理的测量方案；
- 能根据实物说出常用量具的结构、功能、规格；
- 理解常用量具的读数、示值原理；
- 能选择合适的量具测量零件线性尺寸并判断尺寸是否合格；
- 学会量具的维护保养；
- 会填写检测报告单并能处理测量数据；
- 学会理论联系实际，在实际操作中掌握测量长度、高度和深度的基本知识和技能；
- 形成游标卡尺、千分尺的使用规范意识，养成爱护游标卡尺、千分尺等量具的良好习惯。

任务呈现

测量图2-1所示钳加工零件的长度、高度和深度尺寸。

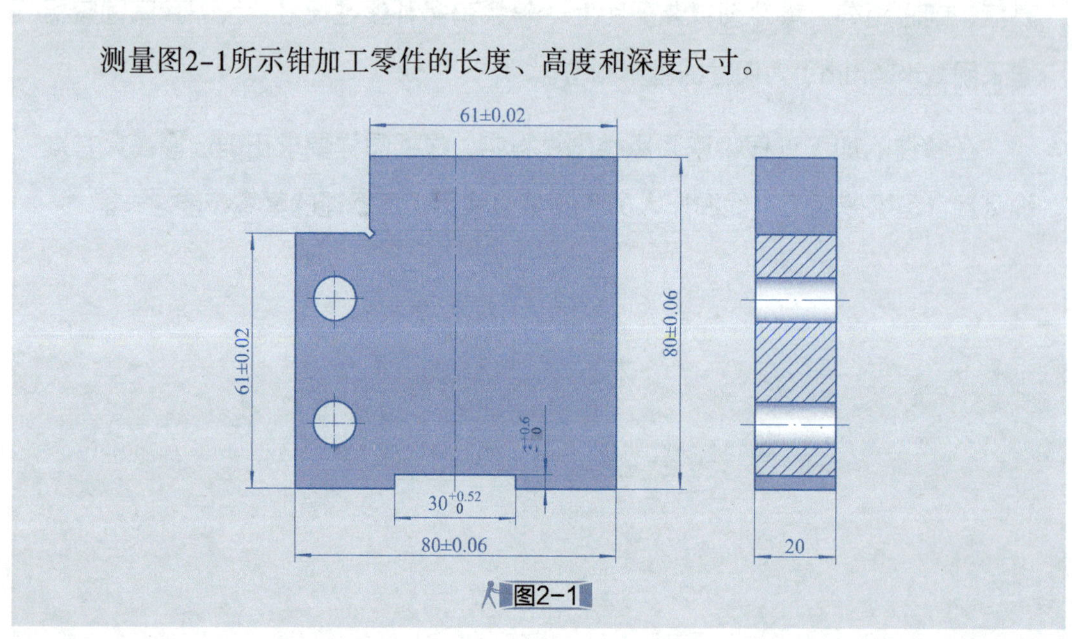

图2-1

知识链接

测量零件长度、高度、深度的量具有多种，按精度或结构的不同，常用的有钢直尺、游标卡尺、千分尺等。

一、钢直尺

钢直尺是最简单的长度量具。目前常见的钢直尺有150～2000mm范围内的各种规格。图2-2所示为常用的150mm的钢直尺。

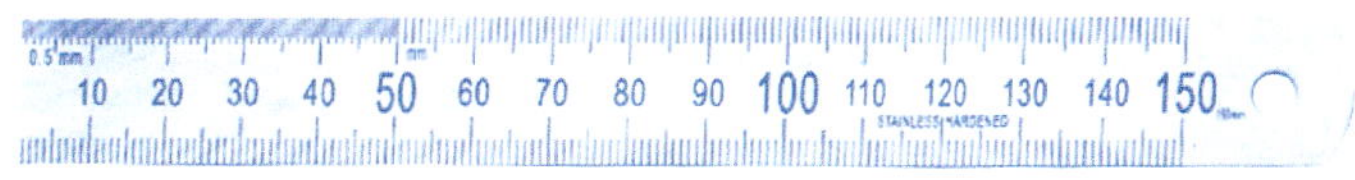

图2-2

由于钢直尺的标尺间距为1mm，而刻线本身的宽度就有0.1～0.2mm，所以测量时读数误差比较大，只能读出整毫米数，小数值是估计值。图2-3所示为钢直尺常用的测量方法。

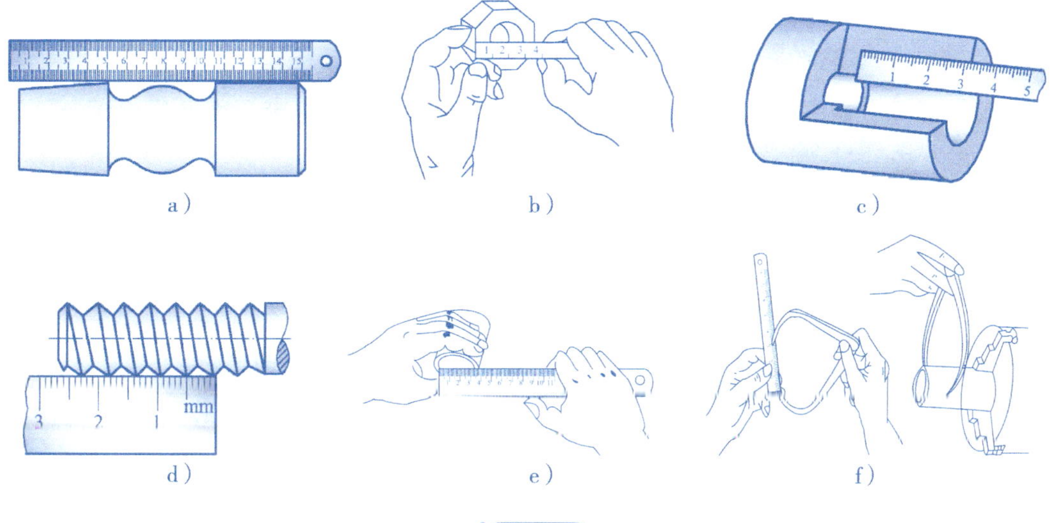

图2-3

a）量长度　b）量宽度　c）量深度　d）量螺距　e）量内径　f）与卡尺配合测量

钢直尺一般厚度为0.8~1.2mm，因此不能拗折、不能靠近热的工件，以防钢直尺变形影响测量精度。测量前后应用棉纱擦净钢直尺防止生锈。对余量相对较大且表面较粗糙的毛坯宜先用钢直尺测量。

二、游标卡尺

游标卡尺是中等测量精度的量具，一般可用来测量工件的长度、深度、厚度、台阶高度、外径、内径等，如图2-4所示。

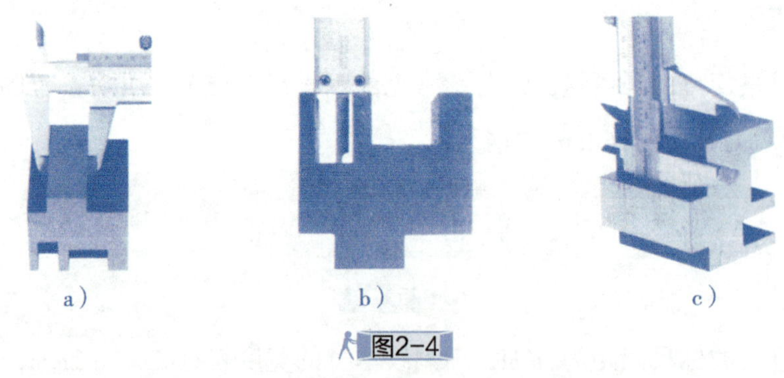

图2-4

a）量长度　b）量深度　c）量台阶高度

游标卡尺不仅具有用途广、测量速度快、价格相对便宜等特点，而且不易锈蚀、保养容易、携带方便，因此在生产中应用广泛。

1. 游标卡尺各部分名称

游标卡尺主要由主标尺和游标尺组合而成，图2-5所示是带深度尺的游标卡尺各部分结构名称。

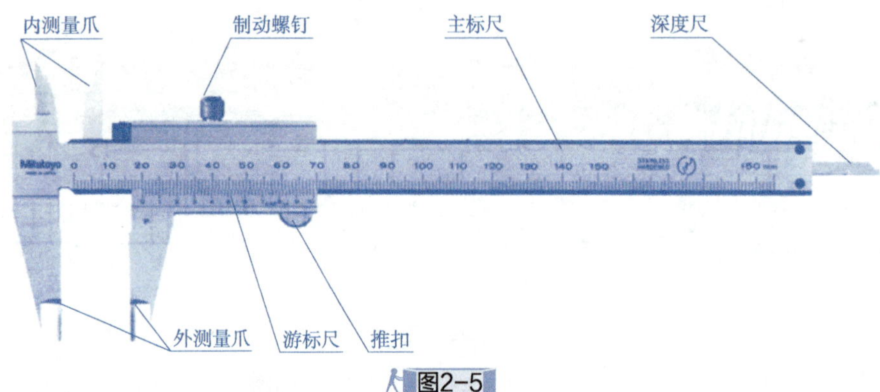

图2-5

外测量爪可以测量工件的外径、长度、宽度、厚度等，内测量爪可以测量工件的内径等，测深杆可以测量工件的深度、高度等。

2. 游标卡尺的标尺原理及读数方法

游标卡尺的测量范围可分为0～125mm、0～150mm、0～200mm、0～300mm、0～500mm等多种，按分度值分有0.1mm、0.05mm、0.02mm三种。

下面以分度值为0.02mm的游标卡尺为例，说明游标卡尺标尺原理及读数方法。

（1）分度值为0.02mm游标卡尺的标尺原理　擦净并贴合游标卡尺两量爪测量面，此时主标尺和游标尺零线对齐，如图2-6所示。

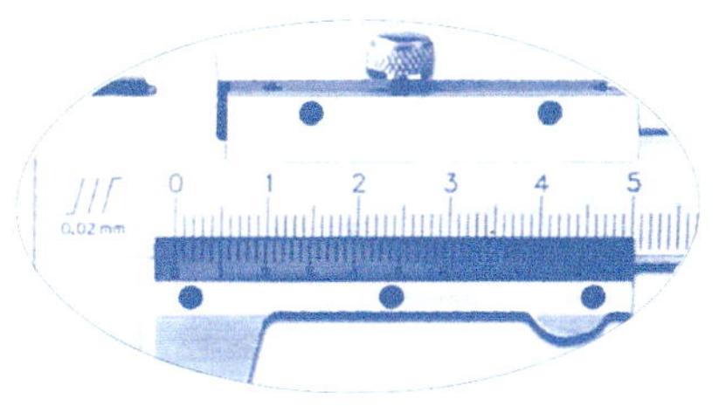

图2-6

注意观察游标尺左右两端刻线与主标尺对齐情况，放大图如图2-7所示。

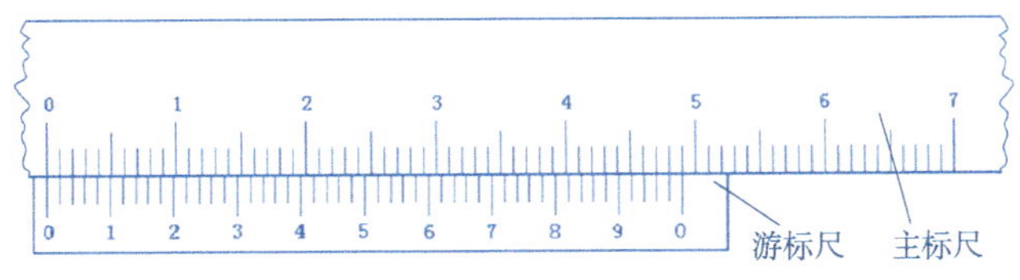

图2-7

图2-7中游标尺50格对准主标尺49格（49mm，主标尺每格1mm），则游标尺每格=49mm/50=0.98mm。因此，主标尺和游标尺每格差值=1mm−0.98mm=0.02mm。主标尺和游标尺每格差值为该游标卡尺的分度值，即为0.02mm。

（2）游标卡尺的读数方法　以图2-8所示游标卡尺示值为例，读数方法、步骤如下：

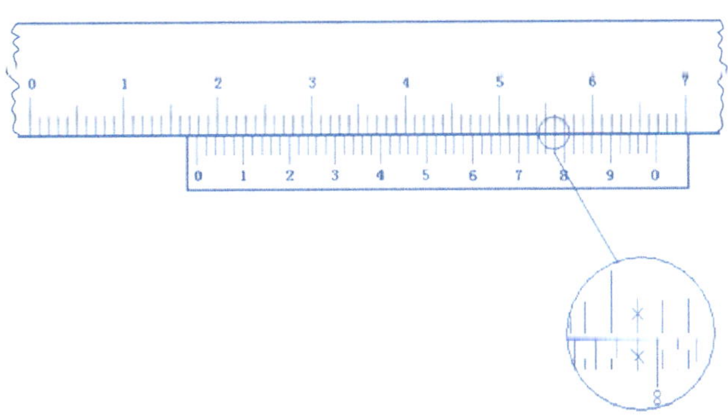

图2-8

1）读取整数值：主标尺上游标尺零线左侧整毫米数值为17mm。

2）读小数值：

◤找主标尺和游标尺的对齐标尺线。

观察对齐标尺线左右两侧标尺线特点：游标尺两标尺线同时在主标尺两标尺线内侧。

◤读小数值为0.7mm+4×0.02mm=0.78mm。

3）测量值=整数值+小数值=17.78mm。

练一练

读出图 2-9 所示游标卡尺的测量值。

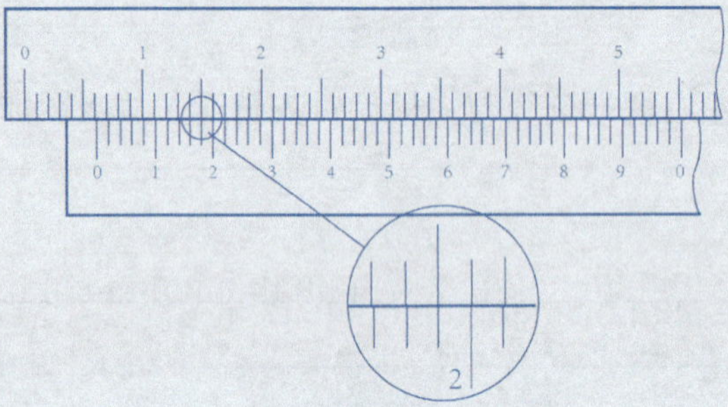

图2-9

3. 游标卡尺的示值误差

测量时，应按照工件尺寸大小、尺寸精度要求选择游标卡尺。游标卡尺属于中等精度（IT10～IT6）量具，不能测量毛坯或高精度工件。测量表面较粗糙的毛坯易损坏游标卡尺；但测量高精度零件又达不到要求，因为游标卡尺有一定的示值误差，具体见表2-1。

表2-1　游标卡尺的示值误差　（单位：mm）

游标分度值	示值总误差
0.02	±0.02
0.05	±0.05
0.10	±0.10

游标卡尺的示值误差，就是游标卡尺本身的制造精度。例如，用游标分度值为0.02mm的0～150mm的游标卡尺(示值误差为±0.02mm)，测量图2-1中的台阶高度61±0.02mm时，若游标卡尺上的读数为60.02mm，那么考虑示值误差，台阶实际高度有可能是60.04mm，也可能是60mm。因此，对于这一台阶尺寸要求，选用游标卡尺作为精加工的测量显然是无法保证图样要求的，而应选用更高精度的量具进行测量。但图2-1中的尺寸80±0.06mm，由于允许的误差范围较大，则可以选用游标卡尺测量。需要注意的是，考虑游标卡尺的示值误差，因此加工时最好将这一尺寸加工至中间值，即80mm左右。

4. 游标卡尺的使用方法

量具使用是否合理，不但影响量具本身的精度，而且直接影响零件尺寸的测量精度，甚至发生质量事故，易造成不必要的损失。所以，必须重视量具的正确使用，要对测量技术精益求精，以求获得正确的测量结果，确保产品质量。

使用游标卡尺测量零件尺寸时，必须注意下列几点：

（1）校对零位　测量前应揩净量爪测量面，检查卡尺的两个测量面是否有明显的间隙，测量刃口是否平直无损，同时主标尺和游标尺的零位刻线要对准，如图2-6所示。

（2）检查卡尺各零部件　测量前松开紧定螺钉，检查游标尺移动是否过松或过紧；测量结束拧紧紧定螺钉读数。

（3）零件外尺寸的测量　按照图2-10a～e所示的顺序，先把卡尺的活动量爪张开，使量爪能自由地卡进工件，把零件贴靠在固定量爪上，然后移动游标，用轻微的压力使活动量爪接触零件，拧紧紧定螺钉读数，最后松开游标，轻轻取出游标卡尺。卡尺两测量面的连线应垂直于被测量表面，不能歪斜，如图2-10f所示。

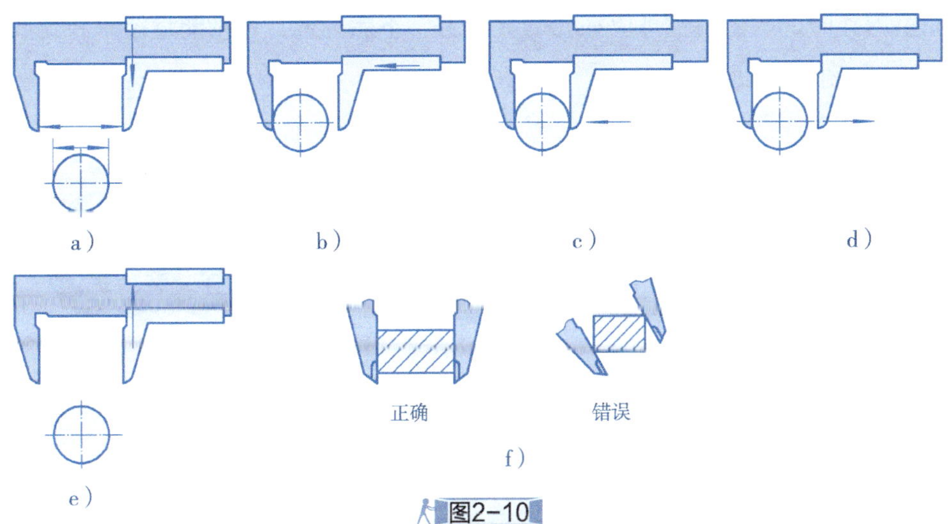

图2-10

（4）沟槽的测量　测量沟槽时，应当用量爪的平面形测量刃进行测量，尽量避免用端部测量刃和刀口形量爪去测量外尺寸。而对于圆弧形沟槽尺寸，则应当用刀口形量爪进行测量，不应当用平面形测量刃进行测量，如图2-11a所示。

测量沟槽宽度时，要放正游标卡尺的位置，应使卡尺两测量刃的连线垂直于沟槽，不能歪斜。否则，测量结果将不准确，如图2-11b所示。

测量沟槽深度时，游标卡尺的测深杆进入槽内，应使尺身端面垂直于被测零件的表面，否则测量将会不准确，如图2-11c所示。

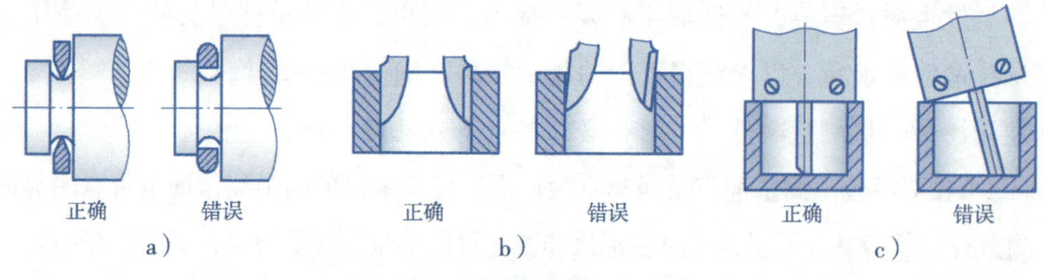

图2-11

（5）零件孔径的测量　测量零件孔径时，按照图2-12a～d所示的顺序，使内测量爪分开的距离小于所测内尺寸，进入零件内孔后，再慢慢张开并轻轻接触内孔表面，用紧定螺钉固定游标后，轻轻取出卡尺来读数。取出量爪时，用力要均匀，并使卡尺沿着孔的中心线方向滑出，不可歪斜，以免量爪扭伤、变形和受到不必要的磨损，同时避免尺框走动，影响测量精度。

测量内孔时，两内测量爪应在孔的直径上，不能偏歪，否则测量结果将比实际孔径D要小，如图2-12e所示。

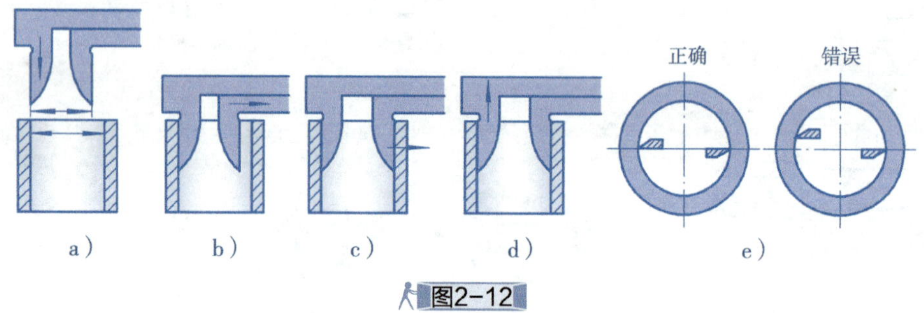

图2-12

1）用游标卡尺测量零件时用力不能太大，否则会使测量不准确，并容易损坏卡尺；读数时，先拧紧游标尺上的制动螺钉，视线应垂直于标尺表面，以免由于视线的歪斜造成读数误差。

2）为了获得正确的测量结果，可以多测量几次，在零件的同一截面上的不同方向进行测量。对于较长零件，则应当在全长的各个部位进行测量，以便获得一个比较正确的测量结果。

3）使用结束，应将游标卡尺清理干净。长期不用时要涂油，两测量爪合拢并拧紧制动螺钉，放入盒内并置于干燥的地方。

三、千分尺

千分尺是一种精密的测微量具，其测量精度比游标卡尺高，分度值为0.01mm，用来测量加工精度要求较高的工件尺寸。

1. 千分尺各部分名称

千分尺的种类很多，如外径千分尺、内径千分尺、测深千分尺、螺纹千分尺等。其中外径千分尺的应用较为广泛。

外径千分尺主要用于测量精密工件的外径、长度和厚度等尺寸。其结构如图2-13所示，主要由尺架、测砧、测微螺杆、固定套管、微分筒、测力装置、锁紧手柄、隔热垫等组成。

外径千分尺的规格按测量范围分为0~25mm、25~50mm、50~75mm、75~100mm、100~125mm等，使用时按被测工件的尺寸选用。

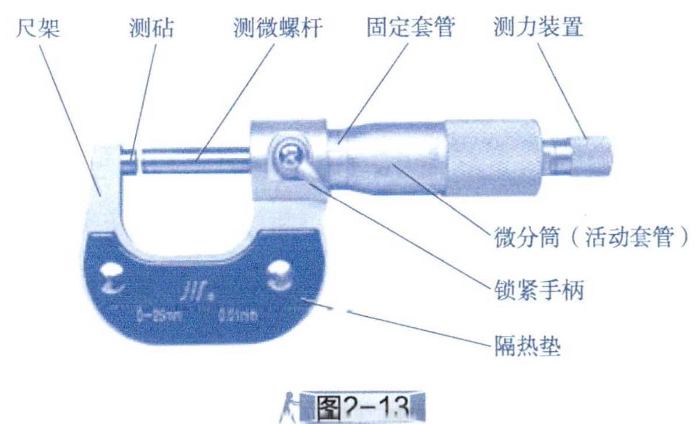

图2-13

2. 千分尺的标尺原理及读数方法

（1）标尺原理　一般外径千分尺测微螺杆上的螺距为0.5mm，当微分筒转一圈时，测微螺杆就沿轴向移动0.5mm。固定套管上刻有间隔为0.5mm的标尺，微分筒圆锥面上共刻有50个格，因此微分筒每转一格，螺杆就移动0.5mm/50=0.01mm，即该千分尺的分度值为0.01mm。

（2）读数方法　首先读出微分筒边缘露出的固定套管主尺毫米数和半毫米数，然后看微分筒上哪一格与固定套管上基准线对齐，并读出相应的不足半毫米数，最后把两个读数相加就是测得的实际尺寸。图2-14a所示读数为38.79mm，图2-14b所示读数为14.14mm。

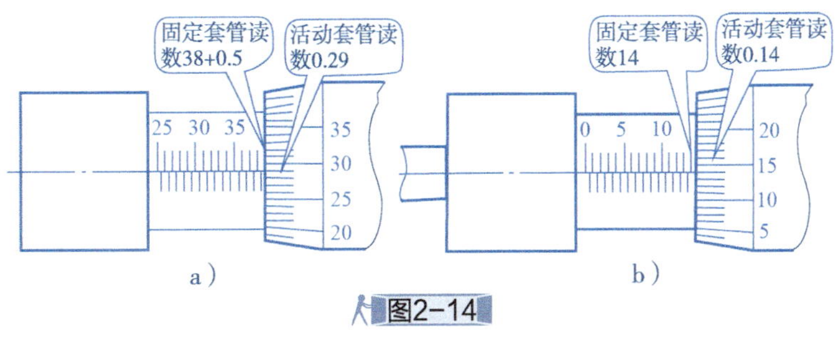

图2-14

练一练

读出图 2-15 所示千分尺的读数值。

图2-15

3. 千分尺的使用方法

千分尺的制造精度分为0级和1级两种（0级精度较高，1级次之），主要由它的示值误差和两测量面平行度误差的大小来决定。一般用千分尺测量IT6～IT10级精度的零件尺寸较为合适。在测量过程中，应注意以下几点：

1）校对零位：把千分尺的两个测砧面揩干净，转动测力装置使两测量砧直接贴合（0~25mm的千分尺），或与量具盒中的校对样棒面贴合（25mm以上的千分尺），检查活动套管上的零线是否对准固定套筒的基准线，且活动套管的端面是否正好使固定套筒上的零线露出来，如图2-16所示。若位置不对，需要用千分尺的专用扳手校准零位。

2）测量时，测微螺杆与零件被测量的尺寸方向应一致。测量外径时，测微螺杆要与零件的轴线垂直，不要歪斜，如图2-17所示。为使测砧面与零件被测表面接触良好，可在旋转测力装置的同时，轻轻地晃动尺架。

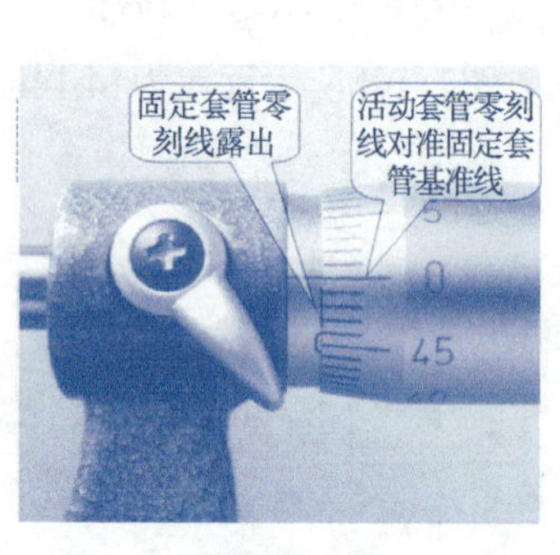

图2-16

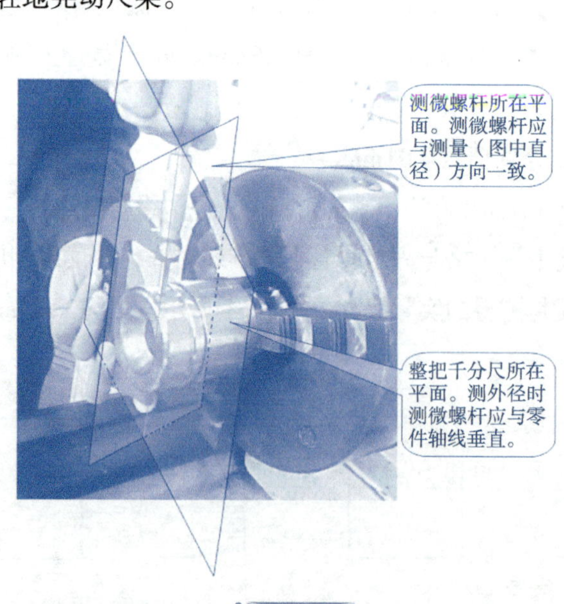

图2-17

3）手法与读数：一手持千分尺隔热垫部分，另一手转动活动套管，如图2-18a所示。当测量砧表面接近被测零件表面时，改用转动测力装置，如图2-18b所示，直到测力装置的棘轮发出两三声声音即停止转动，读出数值（尤其要注意不要漏读半毫米标尺）。

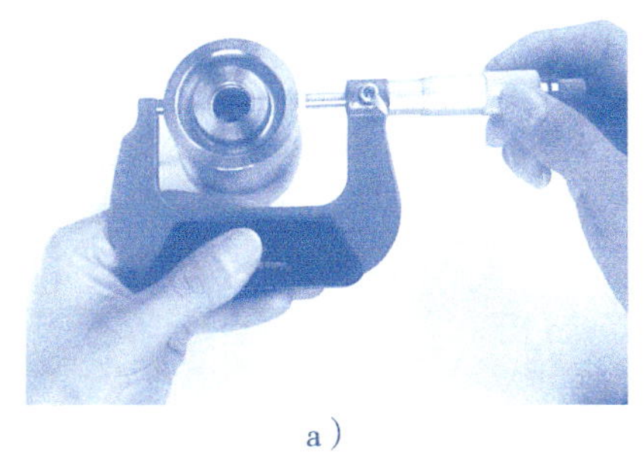

a）

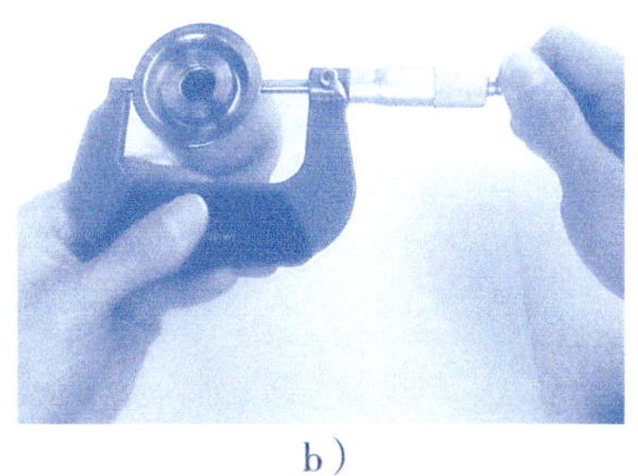

b）

图2-18

读数时最好不从工件上取下千分尺。若需要取下，应先锁紧测微螺杆，如图2-19a所示，再轻轻取下。对于规格和外形较小的千分尺，也可采用单手测量，可用大拇指和食指或中指捏住活动套筒，小指勾住尺架并压向手掌上，大拇指和食指转动测力装置即可测量，如图2-19b所示。

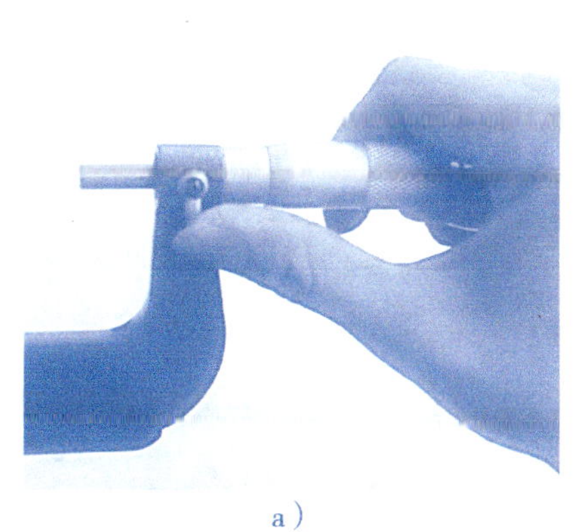

a）

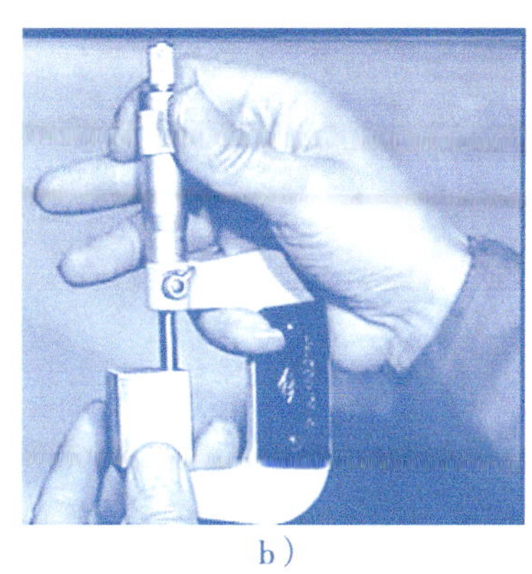

b）

图2-19

4）清洁：测量前应把零件的被测量表面擦拭干净，不能测量有油污或粗糙的表面，以免损坏千分尺。测量完毕，应将千分尺两测量砧擦拭干净，涂油并放入量具盒，置于干燥的地方。

5）重复测量：为了获得正确的测量结果，需要在同一尺寸不同位置多测量几次，以减少测量误差。

6）千分尺不能测量转动中的工件，也不能手握活动套管转动千分尺。图2-20所示都是千分尺的错误使用，不被允许。

图2-20

任务实施

一、任务准备

准备被测零件、普通游标卡尺、外径千分尺、擦拭用的干净棉布、笔、零件检测任务单（表2-2）等物品。

表2-2　零件检测任务单

零件名称		编号		姓名		日期	
被测零件图	61±0.02；80±0.06；61±0.02；$3^{+0.6}_{0}$；$30^{+0.52}_{0}$；80±0.06；20						

序号	项目	图样要求	使用量具	规格	测量数据					是否合格
					1	2	3	4	5	
1	长度	$30^{+0.52}_{0}$								
2		61±0.02								
3		80±0.06								
4	高度	61±0.02								
5		80±0.06								
6	深度	$3^{+0.6}_{0}$								

二、清洁

清理工件被测表面，用干净棉布擦拭游标卡尺和千分尺，校对零位。

三、测量

1）用游标卡尺外测量爪测量长度和高度尺寸80±0.06，记录测量数据。

2）用游标卡尺内测量爪测量槽宽$30^{+0.52}_{0}$，记录测量数据；用深度尺测量槽深$3^{+0.6}_{0}$，记录测量数据。

3）用千分尺测量工件长度和高度尺寸61±0.02，记录测量数据。

四、填写

将检测任务单填写完整。

五、整理

将游标卡尺和千分尺仔细擦净，在游标卡尺测量爪和千分尺测量砧间抹上防护油，并使测量爪或测量砧分开0.1～0.2mm。将量具放入量具盒，并置于干燥处。

任务评价

根据任务实施过程，将完成任务情况记入表2-3中，完成任务评价。

表2-3　线性尺寸零件检测任务评价

<table>
<tr><td>零件名称</td><td></td><td>编号</td><td></td><td>姓名</td><td></td><td>日期</td><td></td></tr>
<tr><td rowspan="8">测量结果的正确性</td><td rowspan="2">序号</td><td colspan="3">测量结果正确性</td><td rowspan="2">量具选择正确性</td><td rowspan="2">数据处理正确性</td><td rowspan="2">合格判断的正确性</td></tr>
<tr><td>测量尺寸</td><td>实测平均值</td><td>参考值</td></tr>
<tr><td>1</td><td>$30^{+0.52}_{0}$</td><td></td><td></td><td></td><td></td><td></td></tr>
<tr><td>2</td><td>61±0.02</td><td></td><td></td><td></td><td></td><td></td></tr>
<tr><td>3</td><td>80±0.06</td><td></td><td></td><td></td><td></td><td></td></tr>
<tr><td>4</td><td>61±0.02</td><td></td><td></td><td></td><td></td><td></td></tr>
<tr><td>5</td><td>80±0.06</td><td></td><td></td><td></td><td></td><td></td></tr>
<tr><td>6</td><td>$3^{+0.6}_{0}$</td><td></td><td></td><td></td><td></td><td></td></tr>
<tr><td>测量方法、手势的正确性</td><td colspan="3"></td><td>量具维护保养</td><td colspan="3"></td></tr>
<tr><td>教师评语</td><td colspan="7"></td></tr>
</table>

任务拓展

认识其他游标卡尺和千分尺

一、其他游标卡尺

1. 带表游标卡尺

图2–21所示为带表游标卡尺。这种游标卡尺的游标尺上无标尺，装有一表盘。它利用主标尺上的齿条与游标尺上的小齿轮啮合，带动表盘指针旋转，用以表示游标尺在主标尺上移动的距离。其特点是读数方便，可以避免人为的视觉误差。但齿条与小齿轮配合容易磨损，不适用于有油垢的场合，其寿命比普通游标卡尺要短一些。

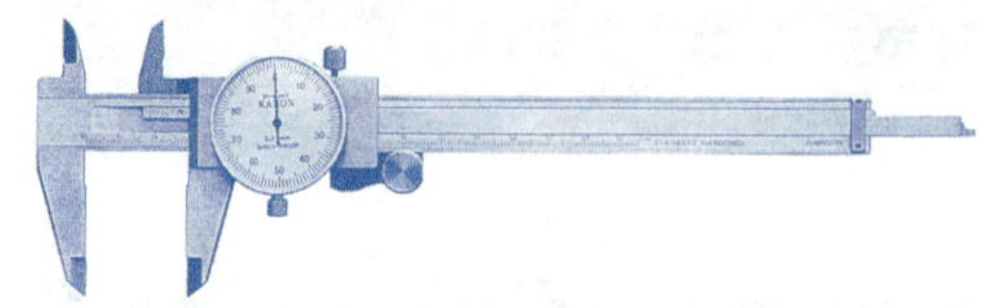

图2–21

2. 数显游标卡尺

数显游标卡尺（图2–22）常用的分辨率为0.01mm，允许误差为±0.03mm/150mm。数显游标卡尺读数直观清晰、测量效率高。

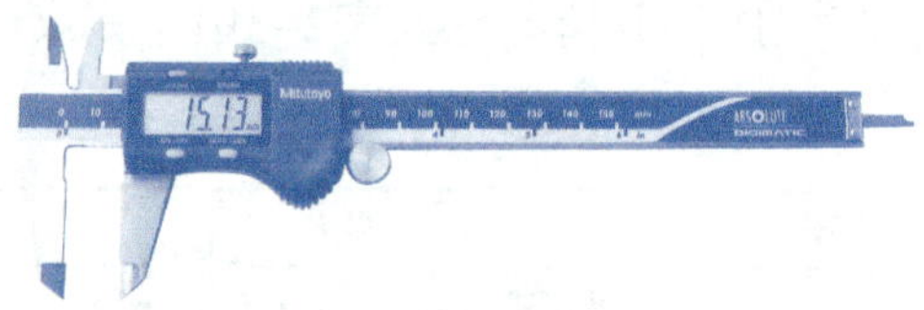

图2–22

3. 深度游标卡尺

深度游标卡尺有普通型、带钩型和带表型等，可测孔（槽）深度及台阶高度，带钩型可测环槽与端面的距离，如图2–23所示。

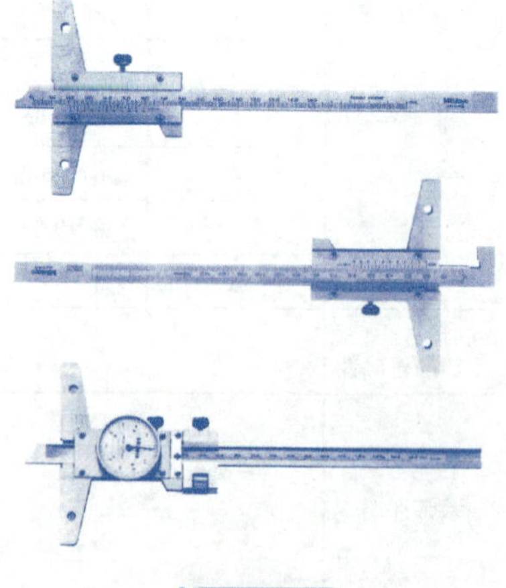

图2–23

4. 高度游标卡尺

图2-24所示的高度游标卡尺主要用于测量零件的高度和精密划线，有普通游标式和电子数显式等，根据使用情况不同有单柱式与双柱式。双柱式主要应用于较精密或测量范围较大的场合。常见的规格有0~300mm、0~500mm、0~1000mm、0~1500mm、0~2000mm等，其中0~300mm、0~500mm常见为单柱式。

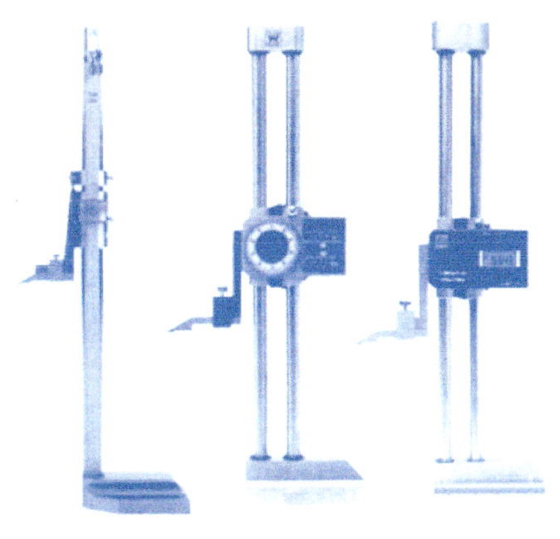

图2-24

5. 齿厚游标卡尺

图2-25a所示的齿厚游标卡尺是用来测量齿轮（或蜗杆）的齿厚和齿顶高的。这种游标卡尺由两个互相垂直的主标尺以及游标组成，相互配合使用。测量时，先调整垂直主标尺，使其尺寸为齿顶高，再利用水平游标尺测量齿厚，如图2-25b所示。

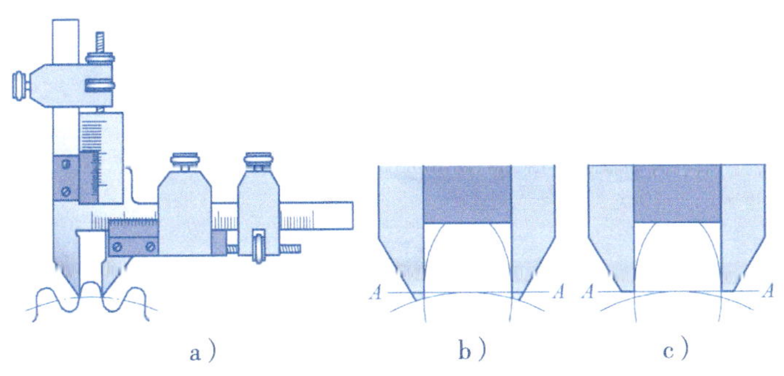

图2-25

图 2-25c 所示为错误的测量方法。

6. 其他特种游标卡尺

（1）测量大型工件的游标卡尺　这种游标卡尺的测量爪和主标尺比普通游标卡尺长，适合大型工件的测量，如图2-26所示。

图2-26

（2）管壁厚游标卡尺　这种游标卡尺主标尺测量爪为圆杆形，利用点接触避免弦长误差，适合管内径大于3mm的管壁厚度的测量，如图2–27所示。

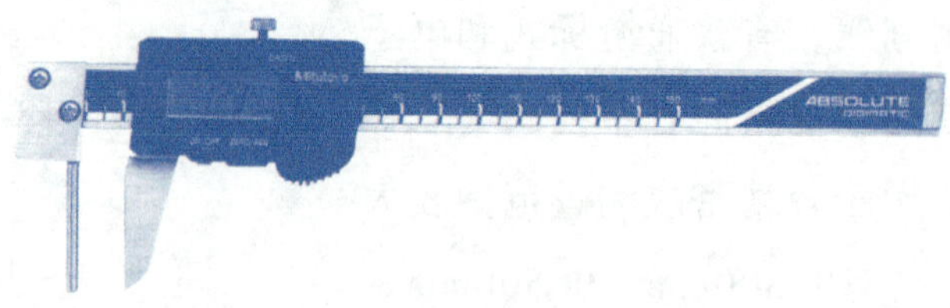

图2–27

二、其他千分尺

1. 数显外径千分尺

图2–28所示为数显外径千分尺，其分辨率可达0.001mm，精度为±0.002mm。数字显示避免了读数视觉误差，使用更为方便。

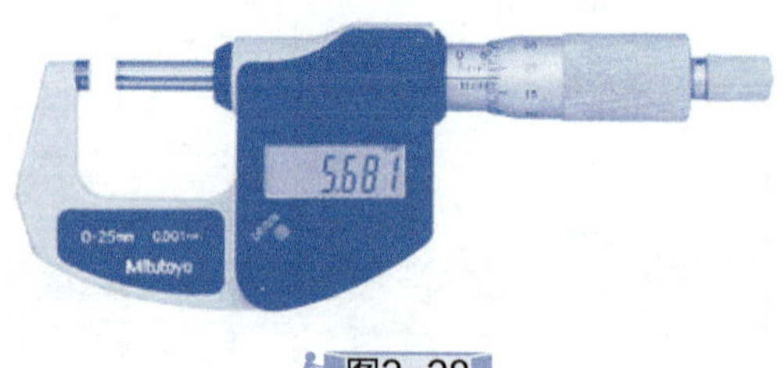

图2–28

2. 螺纹千分尺

如图2–29所示，主要用于测量普通螺纹的中径。螺纹千分尺的结构与外径千分尺相似，所不同的是它有两个特殊的可调换的测量头，其角度与螺纹牙型角相同。

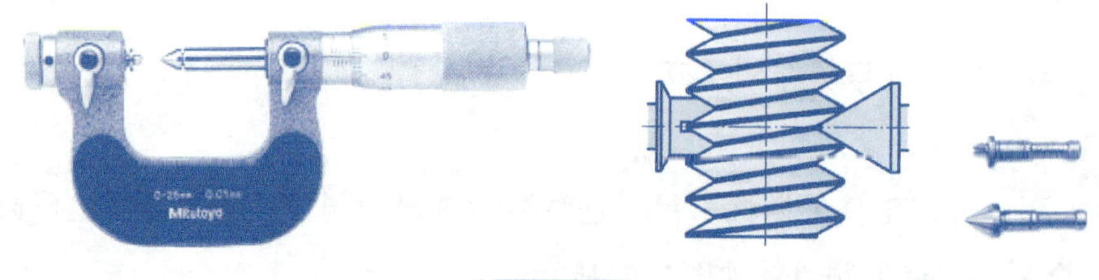

图2–29

3. 深度千分尺

如图2–30a所示，用于测量孔深、槽深和台阶高度等。它的结构与外径千分尺相似，其测量杆制成可更换的形式，以便适应不同深度的测量。

用深度千分尺测量孔深时，应把基座测量面紧贴在被测孔的端面上。零件的这一端面应与孔的中心线垂直，且应当光洁平整，使深度千分尺的测量杆与被测孔的中心线平行，以保证测量精度。此时，测量杆端面到基座端面的距离即为孔的深度，如图2-30b所示。

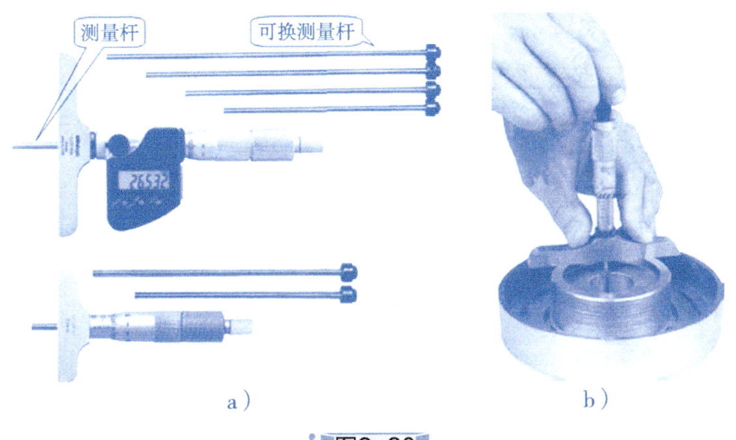

a）　　b）

图2-30

4. 公法线千分尺

公法线千分尺如图2-31所示,主要用于测量外啮合圆柱齿轮的两个不同齿面公法线长度，也可以在检验切齿机床精度时，按被切齿轮的公法线检查其原始外形尺寸。它的结构与外径千分尺相同，所不同的是在测量面上装有两个带精确平面的量钳（测量面）来代替原来的测砧面。测量范围有0~25mm、25~50mm、50~75mm、75~100mm、100~125mm、125~150mm等，分度值为0.01mm。测量模数$m \geq 1$ mm。

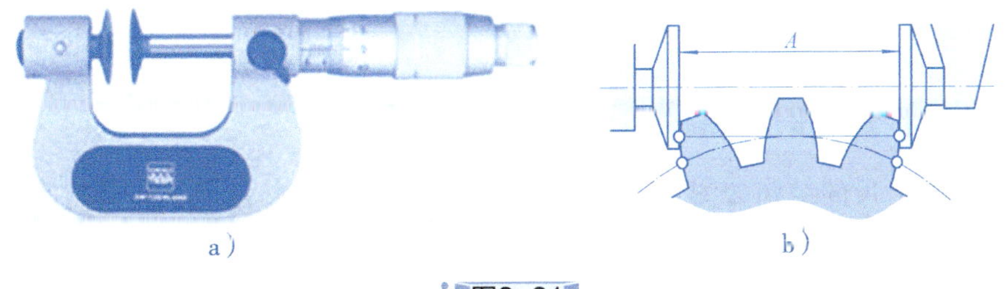

a）　　b）

图2-31

5. 壁厚千分尺

如图2-31所示，主要用于测量精密管形零件的壁厚。壁厚千分尺的测量面镶有硬质合金，以提高使用寿命。

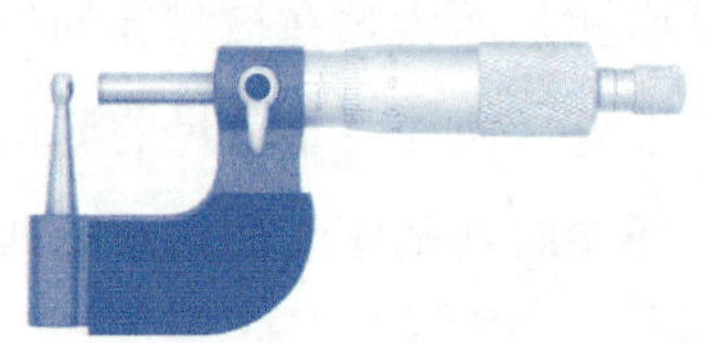
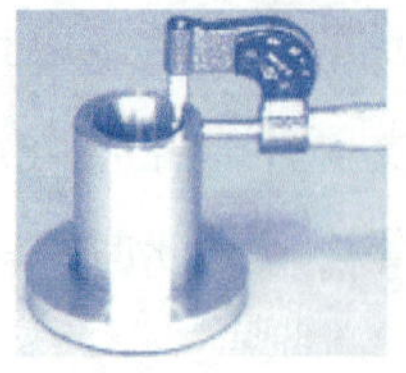

图2-32

6. 尖头千分尺

如图2-33所示，主要用来测量零件的厚度、长度、直径及小沟槽，如钻头和偶数槽丝锥的沟槽直径等。

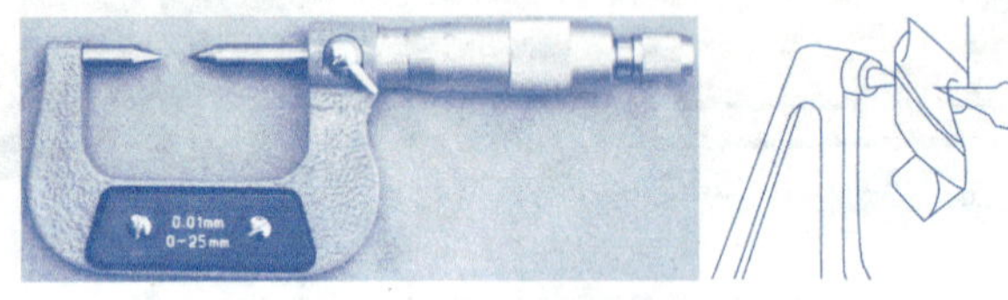

图2-33

7. 钣金千分尺

如图2-34所示，主要适用于测量板料的厚度尺寸。

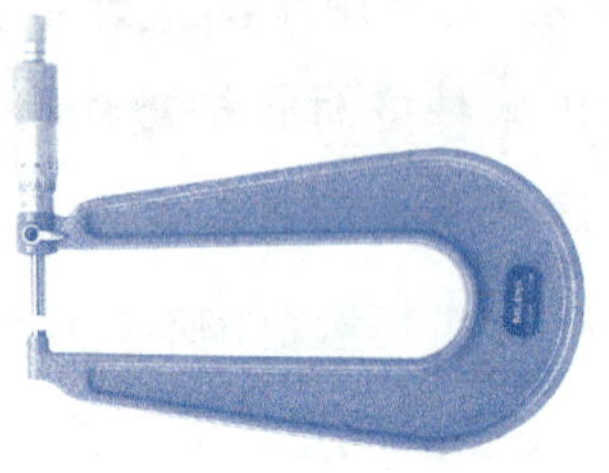

图2-34

三、用深度游标卡尺测量图2-1所示槽深$3^{+0.6}_{+0}$

深度游标卡尺的结构如图2-35所示。主要由主标尺、游标尺、测量基座以及制动螺钉等组成。其读数原理和方法同普通游标卡尺。若用深度游标卡尺测量图2-1所示槽深$3^{+0.6}_{0}$，那么需要怎么做？

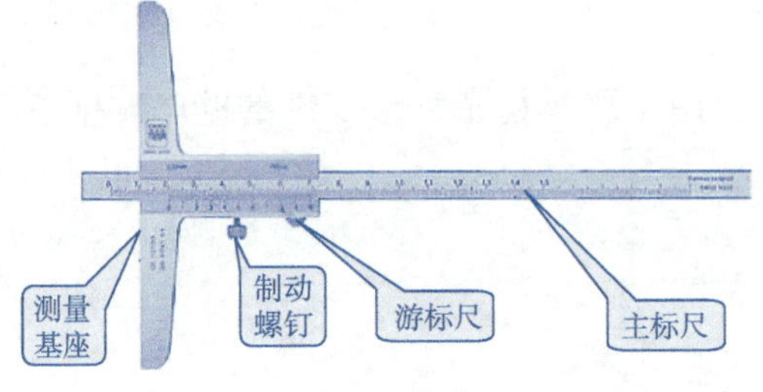

图2-35

试一试

（1）准备　被测零件、深度游标卡尺、擦拭用的干净棉布、笔等物品。

（2）清洁　清理工件底部内槽，用干净棉布擦拭深度游标卡尺，校对零位。

（3）测量

1）将工件倒置使内槽开口朝上，把测量基座轻轻压在工件的基准面上，两个端面必须接触工件的基准面，如图2-36所示。

2）用右手移动主标尺，直到主标尺下端面接触到工件的量面（图中槽底面）上。

3）拧紧紧定螺钉，提起卡尺，读出深度尺寸，记录测量数据。

4）在不同位置用同样方法测量，记录数据。处理数据并将检测任务单填写完整。

（4）整理　将深度游标卡尺仔细擦净，在基准面和主标尺、游标尺接触部位抹上防护油，将卡尺放入量具盒，并置于干燥处。

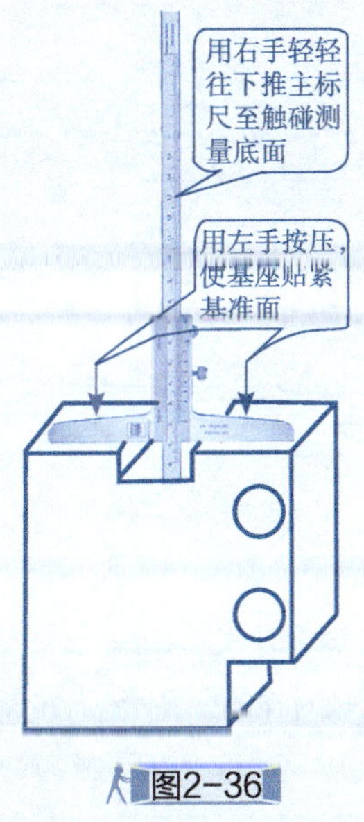

图2-36

想一想

用深度千分尺测量该槽深度，合适吗？

任务二 测量轴径

学习目标

- 能根据图样尺寸要求选择合适量具并确定合理的测量方案；
- 学会常用轴径测量方法、要领，并判断尺寸是否合格；
- 学会常用测量轴径量具的维护保养；
- 会填写检测报告并能处理测量数据；
- 学会理论联系实际，在实际操作中掌握测量轴径的基本知识和技能；
- 形成轴用量规的使用规范意识，养成爱护轴用量规等量具的良好习惯。

任务呈现

测量如图2-37所示标注有尺寸的轴径，并判断尺寸是否合格。

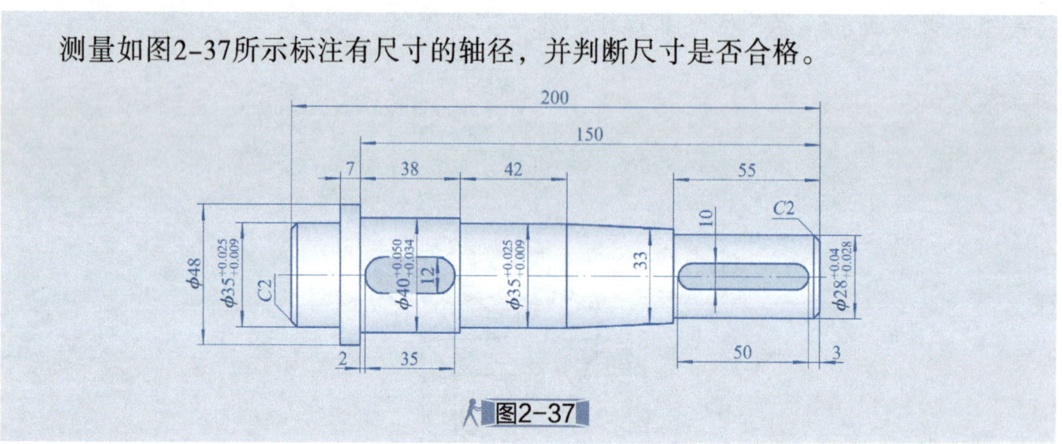

图2-37

想一想

该轴标注5个直径，按照尺寸公差要求，宜用什么量具进行测量？测量时需要注意哪些问题？

知识链接

一、认识轴

轴是机器中的重要零件，用于支承转动零件并传递运动和动力。如图2-38所示，图2-38a为阶梯轴，图2-38b为齿轮轴。

轴由轴承支承，轴上被轴承支承的部位称为轴颈。轴颈和轴承内孔一般采用基孔制配合。如图2-37中两处$\phi 35^{+0.025}_{+0.009}$尺寸即是轴颈部位尺寸。

轴还要支承轴上零件并传递运动和动力。一般轴上安装轮毂（如齿轮、带轮等）的部位称为轴头。轴头部分一般和轮毂的内孔配合，且采用键连接等周向固定方式。如图2-37中$\phi 49^{+0.050}_{+0.034}$、$\phi 28^{+0.041}_{+0.028}$尺寸部位即为轴头，均开有双圆头平键键槽，目的是安装轮毂。

因为轴颈与轴承内圈孔配合、轴头要和轮毂孔配合，因此四个标注公差要求的轴径尺寸是主要的结构表面，同时也是测量的关键部位。

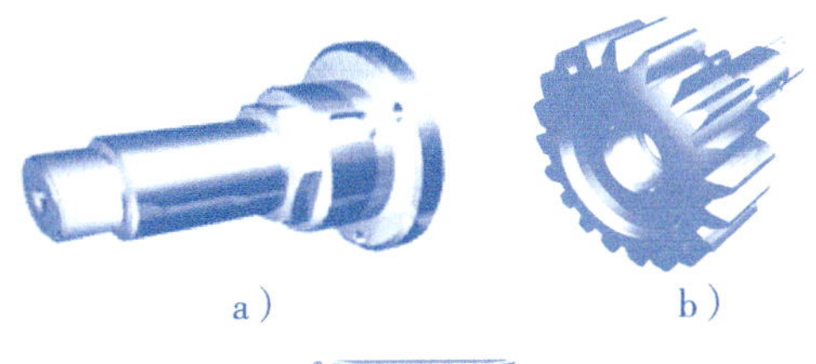

图2-38

二、轴用量规

1. 认识轴用量规

轴用量规是光滑极限量规的一种，是一种没有标尺的专用量具，如图2-39所示。尺寸小于100mm时，通规应为全形环规；尺寸大于100mm时，通规可为不全形卡规。止规形式均为卡规。使用轴用量规只能判断轴尺寸是否合格，不能测出轴尺寸的具体数字。其结构简单、制造容易、使用方便，适合对产品的大批量检验。

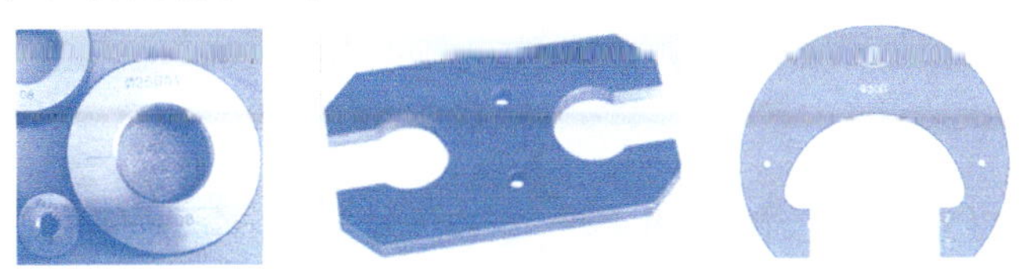

图2-39

因为量规是用来判断轴尺寸是否在规定的两极限尺寸范围内，因此需要成对使用，其中一为“通规”，另一为“止规”。通规用以判断轴的实际（组成）要素尺寸d_a是否超出最大实体尺寸，止规用以判断d_a是否超出最小实体尺寸。因此，检验时，如通规能够通过，表示轴径小于上极限尺寸；止规不能通过，则表示轴径大于下极限尺寸，可判断零件该处尺寸合格，如图2-40所示。

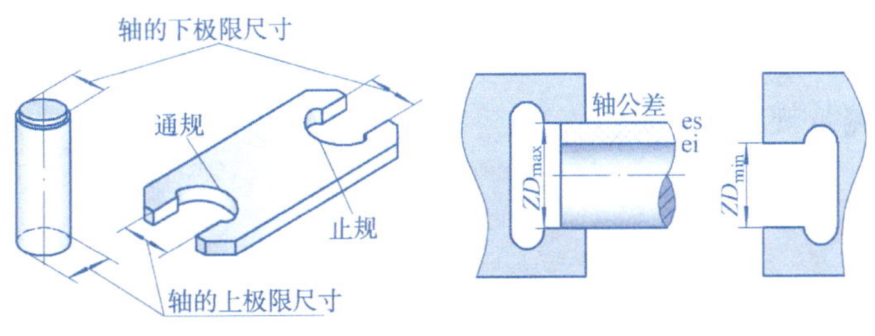

图2-40

若轴径能通过止端或不能通过通端，则表示轴径不符合尺寸要求，如图2–41所示。

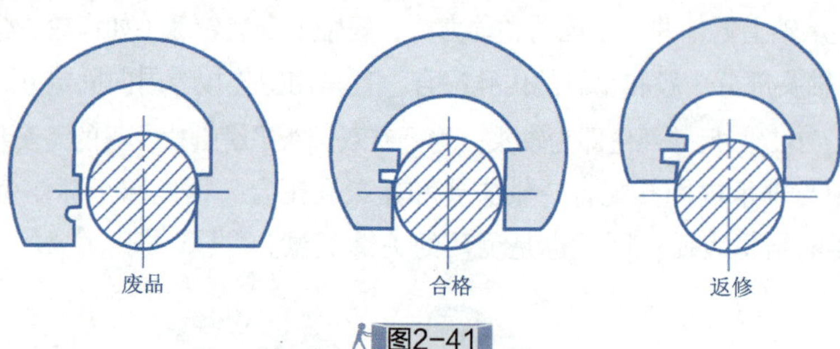

图2–41

2. 量规使用注意事项

（1）使用前注意事项

1）检查量规上的标记是否与被检验工件图样上标注的标记相符。若不符则不要用该量规。

2）检查质量证明文件，只有量规在校准期内才能使用。

3）检查配对情况，量规是成对使用的，即通规和止规配对。有的量规把通端T和止端Z制成一体，有的是制成单头的。对于单头量规，使用前要检查所选取的量规是否为成对，成对才能使用。从外观上看，通端的长度比止端长三分之一或二分之一。

4）检查外观质量，量规的工作面不得有锈迹、毛刺和划痕等影响使用的外观缺陷。

（2）使用中注意事项

1）使用中应将量规与被测量的工件放在一起平衡温度，使两者的温度相同后再进行测量，以减小温差造成的测量误差。

2）注意操作方法，量规的手持部位，最好加隔热垫，并注意控制测量力。

3）用后应将量规的工作表面擦净并涂上一层薄薄的防护油。

3. 量规的维护与保养

1）量规是精密量具之一，使用时要轻拿轻放，不得磕碰其工作面。

2）每次使用量规后，须立即用清洁软布将表面擦拭干净，涂上一薄层防护油，放入专用的盒内。

3）定期检测量规精度。

任务实施

想一想

图 2-37 中的轴标注 5 个直径尺寸，按照尺寸公差要求，宜用什么量具进行测量？

图 2-37 中标注的轴径尺寸分别为 $\phi 35^{+0.025}_{+0.009}$（2 处）、$\phi 40^{+0.050}_{+0.034}$、$\phi 28^{+0.041}_{+0.028}$ 以及 $\phi 48$。标注有极限偏差的三个尺寸其公差分别为 0.016mm、0.016mm、0.013mm，因此宜用外径千分尺测量。$\phi 48$ 为未注公差，在实际生产中一般可以不测量。作为测量技能训练，该尺寸用游标卡尺测量即可。

一、任务准备

准备被测零件、普通游标卡尺、外径千分尺、擦拭用的干净棉布、笔、零件检测任务单（表2-4）等物品。

表2-4　零件检测任务单

零件名称			编号		姓名		日期			
被测零件图										
序号	项目	图样要求	使用量具	规格	测量数据					是否合格
					1	2	3	4	5	
1	轴径测量	$\phi 35^{+0.025}_{+0.009}$								
2		$\phi 40^{+0.050}_{+0.034}$								
3		$\phi 35^{+0.025}_{+0.009}$								
4		$\phi 28^{+0.041}_{+0.028}$								
5		$\phi 48$								

二、清洁

清理工件被测表面，用干净棉布擦拭游标卡尺和千分尺，校对零位。

三、测量

1）用游标卡尺外测量爪测量轴径$\phi 48$，记录测量数据。

◇游标卡尺两外测量爪组成的平面应与轴的轴线垂直。

◇游标卡尺两外测量爪与轴环表面接触点的连线应是轴环直径的部位，如图2-42所示，否则游标卡尺测得的尺寸偏小。

◇读数前拧紧制动螺钉，然后将游标卡尺轻轻拉离工件测量表面。测量力的大小以游标卡尺拉离工件表面没有明显的阻力为宜。

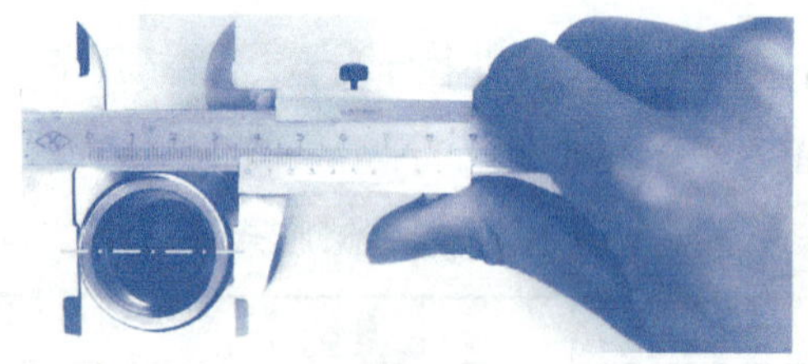

图2-42

2）用25~50mm规格的外径千分尺分别测量轴颈部位的尺寸$\phi 35^{+0.025}_{+0.009}$和轴头部位的尺寸$\phi 40^{+0.050}_{+0.034}$、$\phi 28^{+0.041}_{+0.028}$，记录测量数据。

四、填写

将检测任务单填写完整。

五、整理

将游标卡尺和千分尺仔细擦净，在游标卡尺测量爪和千分尺测量砧间抹上防护油，并使测量爪或测量砧分开0.1~0.2mm。将量具放入量具盒，并置于干燥处。

◇外径千分尺的两测量砧头应位于轴颈最大处，并与工件轴线垂直。

◇用千分尺或游标卡尺测量轴径时，要注意在圆柱长度上选择2~3处截面位置测量，确保测量的全面，以减少误差。

任务评价

根据任务实施过程，将完成任务情况记入表2-5中，完成任务评价。

表2-5　轴类零件检测任务评价

零件名称		编号		姓名		日期	
测量结果的正确性	序号	测量结果正确性			量具选择正确性	数据处理正确性	合格判断的正确性
		测量尺寸	实测平均值	参考值			
	1	$\phi 35^{+0.025}_{+0.009}$					
	2	$\phi 40^{+0.050}_{+0.034}$					
	3	$\phi 35^{+0.025}_{+0.009}$					
	4	$\phi 28^{+0.041}_{+0.028}$					
	5	$\phi 48$					
测量方法、手势的正确性				量具维护保养			
教师评语							

任务拓展

用量规检测轴径

如前所述，轴用量规主要适用于大批量生产中对轴径等尺寸的检测，以便提高检验效率和减少精密量具的磨损。

试一试

用轴用量规检测轴径 $\phi 35^{+0.025}_{+0.009}$。

1）选用适合的轴用量规。查 $\phi 35^{+0.025}_{+0.009}$的公差带代号和标准公差等级，可知 $\phi 35^{+0.025}_{+0.009}$即为 ϕ35m6。选用这一尺寸要求的轴用量规，如图 2-43 所示，该量规将通端 T 和止端 Z 制成一体。检查该量规的质量、检测表面等情况，符合要求的方能使用。

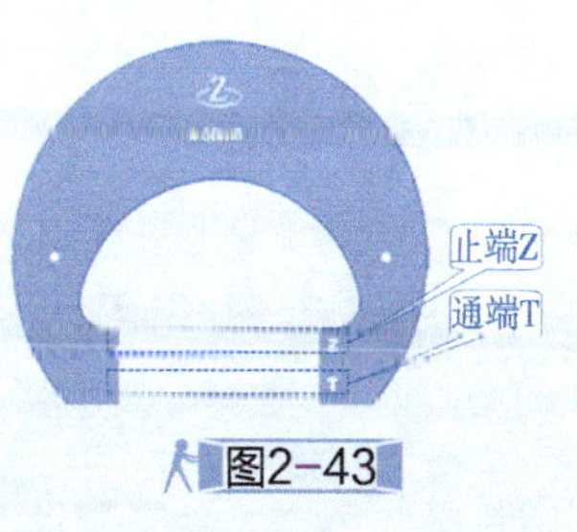

图2-43

2）工件清洁、等温。分别用不同的清洁软布将量规工作表面和工件被测表面擦拭干净，并等工件冷却和量规等温后再检测。

3）检测。手持量规，使量规检测面与被检测轴的轴线垂直，通端靠量规自重通过、止端不过，如图 2-44a 所示，则该处实际（组成）要素尺寸符合 $\phi 35^{+0.025}_{+0.009}$要求。需要注意的是，不能出现图 2-44b 所示量规平面不垂直于被测轴轴线的情况。

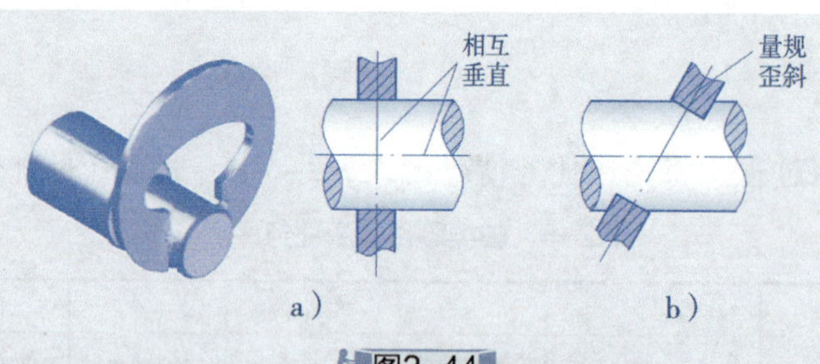

图2-44

4）在轴向长度方向选择其他位置检测，均符合“通端过、止端止”，该处即判定为合格。

5）用后将量规的工作表面擦净并涂上一薄层防护油，并放入专用的盒内。

任务三 测量孔径

学习目标

- 能根据图样尺寸要求选择合适量具并确定合理的测量方案；
- 学会常用孔径测量方法、要领，并判断尺寸是否合格；
- 学会常用测量孔径量具的维护保养；
- 会填写检测报告并能处理测量数据；
- 学会理论联系实际，在实际操作中掌握测量孔径的基本知识和技能；
- 形成内测千分尺、内径千分尺、内径百分表、孔用塞规等的使用规范意识，养成爱护量具的良好习惯。

任务呈现

测量如图 2-45 所示的盘类零件的几个孔径，并判断尺寸是否合格。

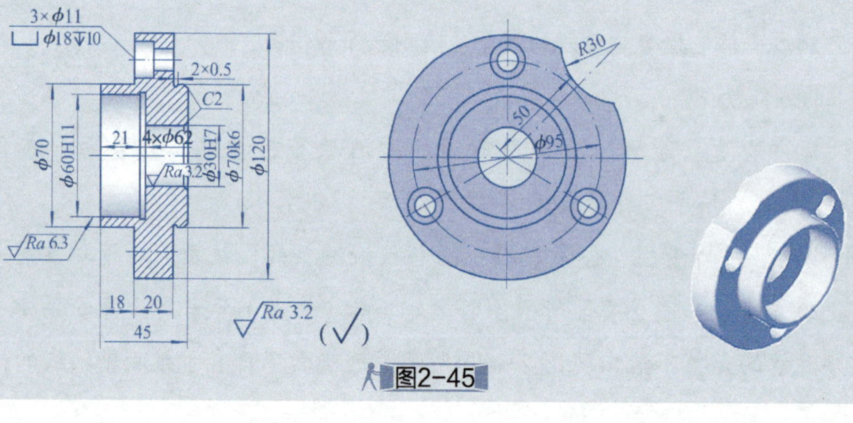

图2-45

知识链接

一、常用孔径测量量具

孔的加工和测量在机械零件质量控制中的地位正变得日益重要。一方面是由于外圆加工制造精度的迅速提高对孔的加工提出了相应的要求，另一方面由于孔的测量比外圆（轴）的测量难，因此需要学习有关孔径测量的基本知识和技能，根据零件孔径尺寸及其公差要求，正确选择检测工具和检测方法，学会孔径的测量。

1. 内测千分尺

内测千分尺用于测量小尺寸内径和内侧面槽的宽度，图2-46所示为读数值为0.001的数显内测千分尺，其特点是容易找正内孔直径，测量方便。

普通内测千分尺的分度值为0.01mm，测量范围有5~30mm、25~50mm、50~75mm、75~100mm、100~125mm、125~150mm等，图2-47a所示为5~30mm的内测千分尺，图2-47b所示为25~50mm的内测千分尺。

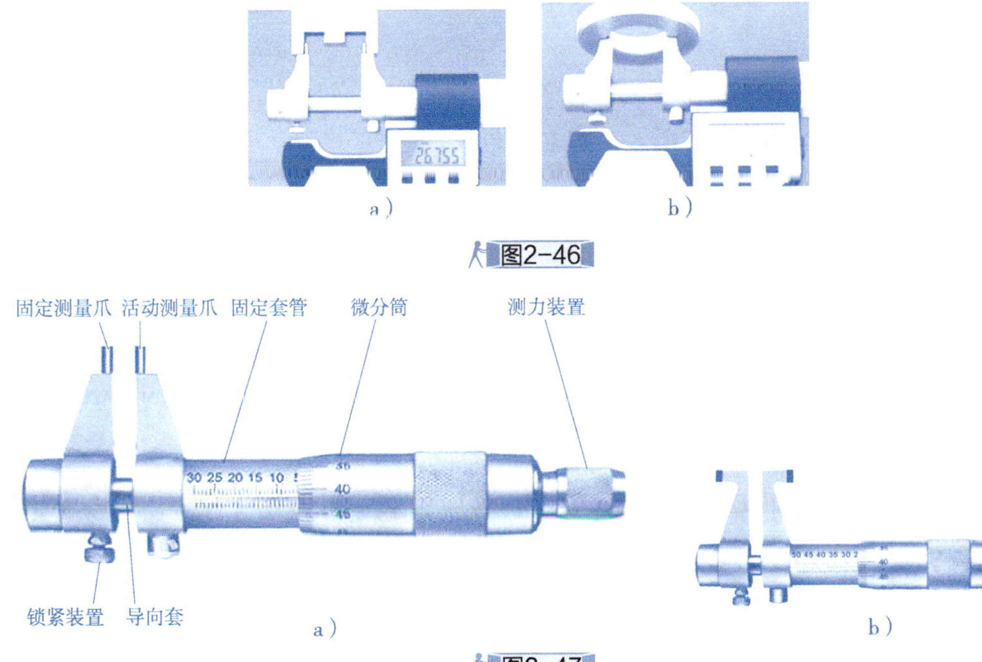

a）　b）

图2-46

a）　b）

图2-47

试一试

内测千分尺的使用：

1）测量前先清洁测量面，用检定合格的标准环规校对零位。图 2-48 所示为 5~30mm 的内测千分尺的校对环规及校对方法。

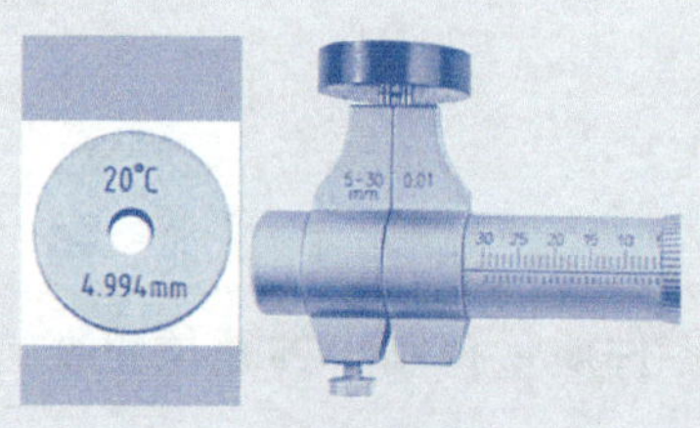

图2-48

2）测量时，先将两个测量爪测量面之间的距离调整得比被测内尺寸稍小，然后用左手扶住左边固定测量爪，并抵在被测表面上不动，如图 2-49a 所示。

3）右手按顺时针方向慢慢转动测力装置，并轻微游动内测千分尺，找出最大尺寸（测量内孔时应寻找最大尺寸，测量槽宽时则应寻找最小尺寸）。然后拧紧锁紧装置（取出千分尺）并读数，如图 2-49b 所示。

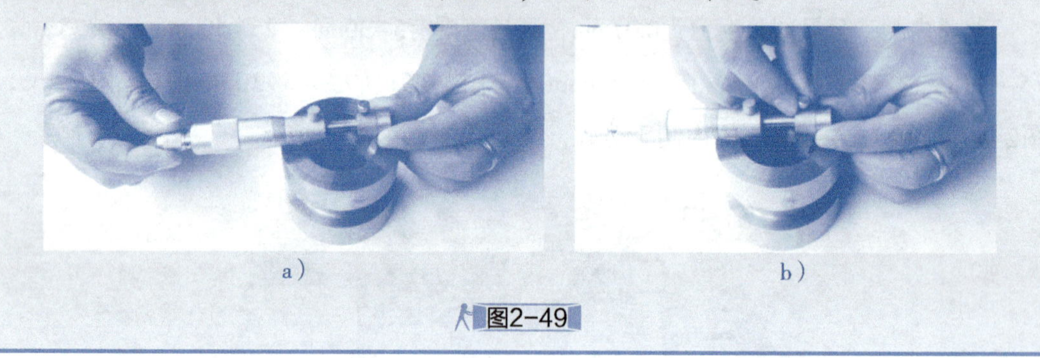

a）　　b）

图2-49

①内测千分尺的读数方法与外径千分尺相同，但它的测量方向和读数方向都与外径千分尺相反。所以，在固定套管上读毫米整数和半毫米数、在微分筒上读小数时，留心不要读错。

②千分尺是精密量具，使用时要轻拿轻放，用完之后在裸露部位涂上防护油，并放入专用盒内，放在干燥通风的地方。

③测量时不能用力转动微分筒，以免影响测量精度。

④微分筒移动不要超出量程后 0.5mm，以免损坏千分尺和它的精度。

⑤不要试图拆下千分尺的零部件以免造成损坏而不能使用。

⑥两测量砧上有硬质合金，测量时不能过多地调整千分尺的位置，以免损坏被测表面和引起测量不正确。

2. 内径千分尺

内径千分尺（三点或两点）测量精度适中，效率高、成本低，是目前主要采用的内孔量具，常用于3～100mm各种规格孔径的测量。内径千分尺的形式有许多变化：有机械式和电子式；有两点式和三点式；有测微螺旋式和手枪按动式等，如图2-50所示，有的已能达到1μm的重复测量精度和2～3μm的测量精度。

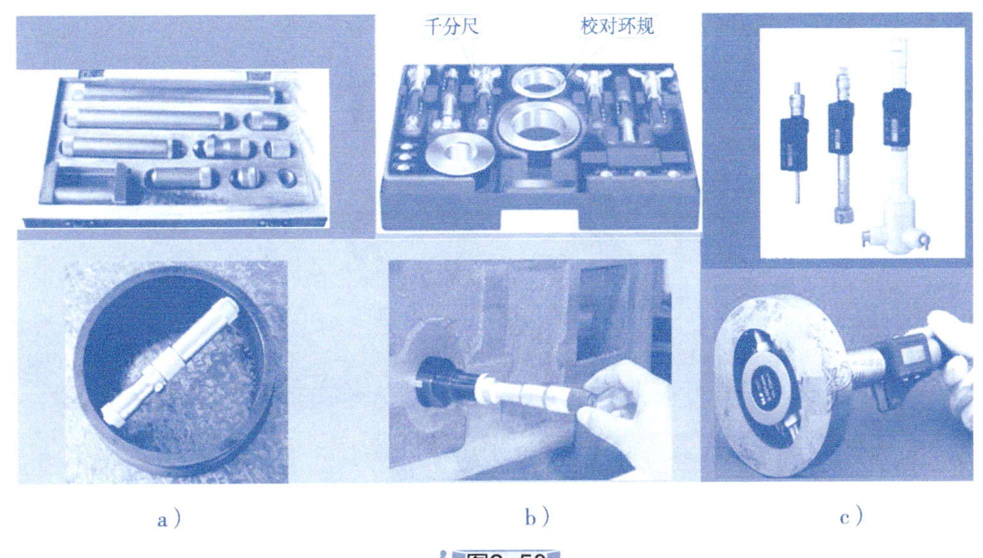

a）　　b）　　c）

图2-50

（1）两点内径千分尺 两点内径千分尺的结构名称如图2-51所示。两点内径千分尺除可用来测量内径外，也可用来测量槽宽和机体两个内端面之间的距离等内尺寸，测量范围可达50～1000mm，但50mm以下的尺寸不能测量，需用内测千分尺或其他的测量量具。

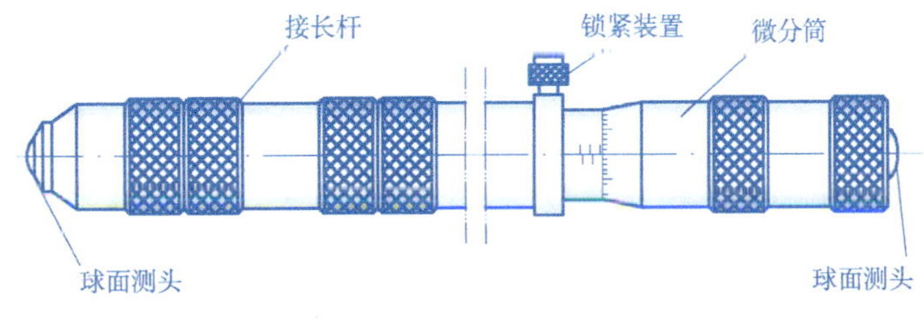

图2-51

使用时应注意以下问题：

1）使用前要校对零位。

2）当被测尺寸较大时，要选用多节接长杆，接长杆的数目越少越好，以减少积累误差。

3）由于内径千分尺没有控制测量力的机构，故在测量时，要凭手感控制测量力，以两测头与被测表面刚好接触为准。

4）测量时被测表面必须擦拭干净，应轻微游动千分尺以找出孔径的最大读数值（槽应为最小读数值），如图2-52a所示；同时每一截面至少要在相互垂直的两个方向上进行测量，深孔要适当增加测量的截面数量，如图2-52b所示。

5）测量较大尺寸时，应注意内径千分尺的支承或握持位置。尺身水平使用时，应支承或握持在内径千分尺两端约$\frac{2}{9}L$处（L为尺身全长）。这样可以使尺身自重产生的变形最小，如图2-53所示。

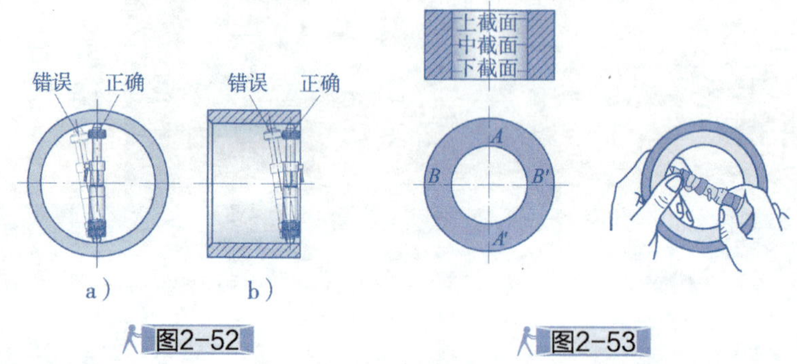

图2-52　图2-53

6）正确读数，要正视量具读数装置，不能斜视。

7）使用完毕后，应擦净上油，放在专用盒内。

（2）三爪内径千分尺　两点内径千分尺测量时需要轻微游动来找到孔径的最大读数或槽的最小读数，因此，这种千分尺不是自定中心的，如图2-54a所示。要使内径测量容易，根据被测要素尺寸要求和量具规格，还可以使用如图2-50b、c所示的三爪内径千分尺。这种千分尺其三个测量头按120°间隔排列，是最适宜的自定中心结构，如图2-54b所示。还有专门用于测量不通孔的三爪内径千分尺，如图2-55所示，图2-55a为单支三爪内径千分尺、图2-55b为成套的不通孔三爪内径千分尺。

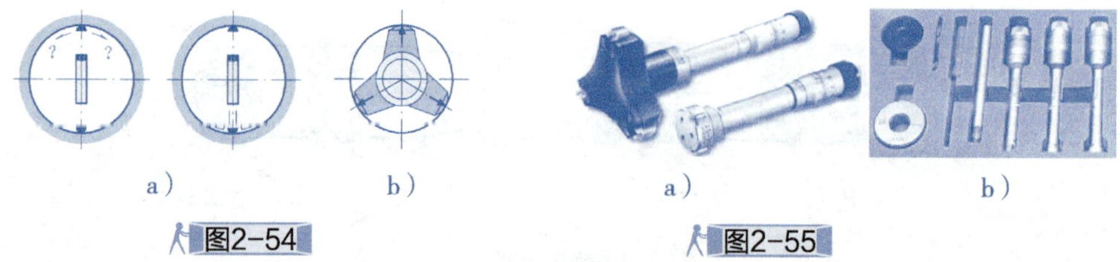

图2-54　图2-55

三爪内径千分尺适用于测量中小直径的精密内孔，尤其适于测量深孔的直径，三点定位精度稳定。常用的测量范围为3~300mm，分度值有0.01mm、0.005mm、0.001mm等。

三爪内径千分尺使用注意事项：

1）选择与被测要素尺寸相适应的三爪内径千分尺，在使用前用校对环规（图2-50b）校对零位。

2）被测表面必须擦拭干净。

3）将内径千分尺尺寸调整至比被测要素尺寸小0.5~1mm，然后将三爪伸入被测要素内。

4）左手扶稳千分尺，右手转动微分筒，如图2-56所示。待三爪接近被测内孔表面时，改转测力装置，听到两、三声测力装置的声音后停止动作。

5）正确读数，正视量具读数装置，不能斜视。

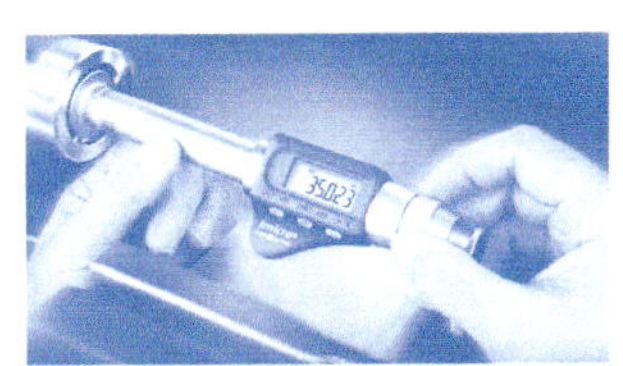

图2-56

3. 内径百分表

内径百分表是内量杠杆式测量架和百分表的组合，采用比较测量方法测量或检验零件的内孔、深孔直径及其形状精度,其结构和测量方式如图2-57所示。

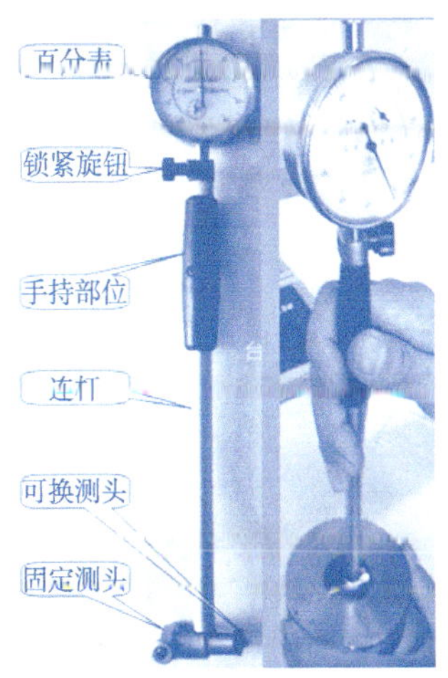

图2-57

内径百分表活动测头的移动量，小尺寸的只有0~1mm，大尺寸的可有0~3mm，它的测量范围是由更换或调整可换测头的长度来达到的。因此，每个内径百分表都附有成套的可换测头。国产内径百分表的读数值为0.01mm，根据测量架的不同，测量范围有6~10mm、10~18mm、18~35mm、35~50mm、50~100mm、100~160mm、160~250mm、250~450mm等。

因为用内径百分表测量内径是一种比较测量法，所以测量前应根据被测孔径的大小，在专用的环规或千分尺上调整好尺寸后才能使用。调整内径百分表的尺寸时，选用可换测头的长度及其伸出的距离（大尺寸内径百分表的可换测头可调整伸出距离，小尺寸的不能调整），应使被测尺寸在活动测头总移动量的中间位置。

内径百分表的示值误差比较大，如测量范围为35 ~ 50mm的内径百分表，示值误差为 ± 0.015mm。因此，使用时应当经常在专用环规或外径千分尺上校对零位，并增加测量次数，以提高测量精度。

内径百分表的指针摆动读数，刻度盘上每一格为0.01mm，盘上刻有100格，即指针每转一圈为1mm。

4. 孔用塞规

孔用塞规是光滑极限量规中的一种，是没有标尺的定尺寸专用量具，用于批量生产中检验光滑孔的直径尺寸是否符合公差要求。各种光滑塞规IT6级以上（含IT6级）其检验范围为ϕ1~ϕ500mm，（特殊型号可以定做），如图2-58所示。

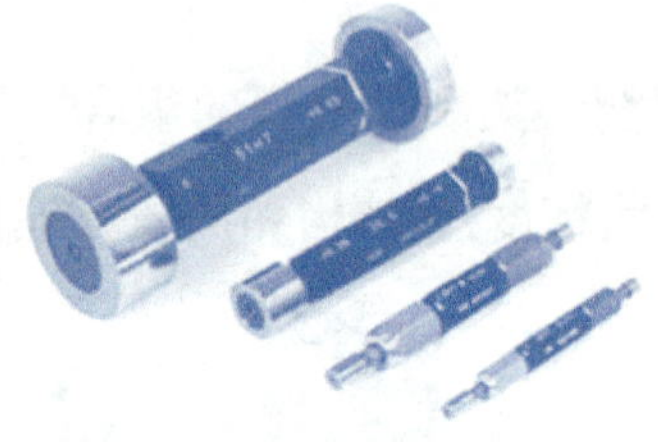

图2-58

从外形上看，塞规两端轴向长度不一。一般长端为通端，用于控制被测孔的下极限尺寸；短端为止端，用于控制被测孔的上极限尺寸。其原理图和实物图如图2-59所示。

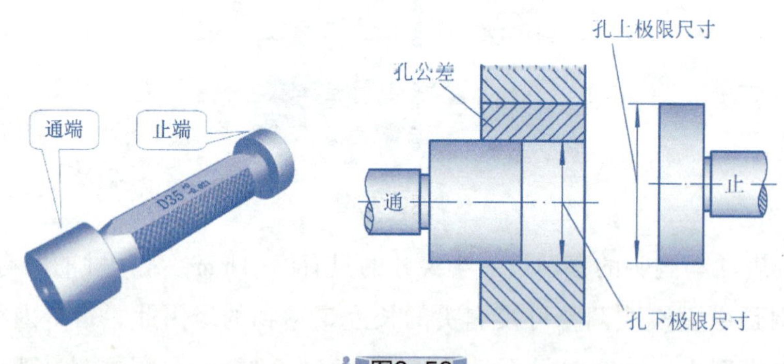

图2-59

检验孔径时，通端过止端止，即表示该孔符合公差要求，如图2-60所示。

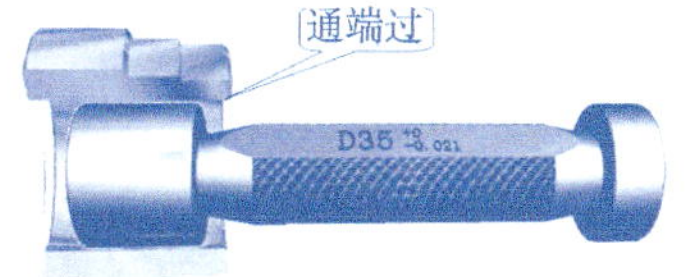

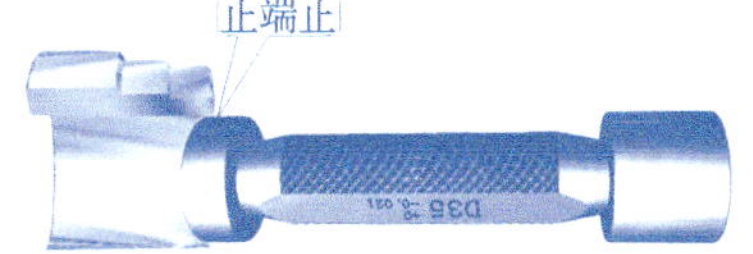

图2-60

检验不通孔用图2-61所示的不通孔专用塞规，图中通端圆柱母线方向开的槽是为塞规通端塞入不通孔时排气用。

图2-61

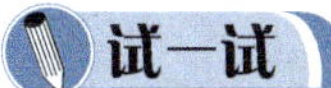

试一试

用塞规检验 $\phi 30H7(^{+0.021}_{0})$ 是否合格。

1）准备：将被检验孔孔口及内壁擦净。若孔口有毛刺，应去毛刺。

2）检查：找到 $\phi 30H7(^{+0.021}_{0})$ 塞规，检查塞规测量面是否有锈迹、划痕、黑斑等。

3）检验：当被测孔处于垂直状态时，应不加任何压力而使塞规的通端以它自身的重力顺着孔的中心线滑入孔内；当被测孔处于水平或倾斜状态时，用手轻轻地把塞规的通端顺着孔的中心线送进孔内，止端不许进入孔内。

注意

①检验时不允许强力把塞规推进被测孔内，否则会把塞规卡死在孔内；也不应倾斜地将塞规送进被测孔内，否则易发生测量误差或有可能被卡住。塞规塞入孔内，不许转动或摇晃塞规。拔塞规时，不应倾斜往外拉，应垂直于被测孔中心线往外拉。

②不允许用塞规去检验刚加工完的孔，否则会由于热胀冷缩而造成塞规咬在孔内，难以拔出。

③不允许用塞规检测不清洁的工件。

塞规的维护与保养：

①塞规是精密量具之一，使用时要轻拿轻放，不得磕碰其工作面。

②塞规在每次使用后，须立即用清洁软布或细棉纱将塞规表面擦拭干净，涂上一薄层防锈油后，放入专用的盒内，存放在干燥处。

③塞规要实行周期检定，检定周期由计量部门确定。

任务实施

想一想

图 2-45 中的盘类零件共有 5 个标注尺寸的孔径，分别是 ϕ60H11、ϕ30H7、3×ϕ11（沉孔 ϕ18 深 10mm）。按照尺寸公差要求，宜用什么量具进行测量？

分析

查标准公差表，得：ϕ60H11 的极限偏差为 $\phi 60\mathrm{H11}(^{+0.19}_{\ 0})$，公差值为 0.19mm，因此可用游标卡尺测量，也可用内测千分尺测量。ϕ30H7 的极限偏差为 $\phi 30\mathrm{H7}(^{+0.021}_{\ 0})$，公差值为 0.021mm，用分度值为 0.005 的三爪内径千分尺测量较为合适；3×ϕ11（沉孔 ϕ18 深 10mm）为未注公差，在实际生产中一般可以不测量。作为测量技能训练，该尺寸用游标卡尺测量即可。

一、任务准备

准备被测零件、普通游标卡尺、50~75mm的内测千分尺、30~35mm的三爪内径千分尺各一副，相应的千分尺校对环规，擦拭用的干净棉布、笔、零件检测任务单（表2-6）等物品。

表2-6　零件检测任务单

<table>
<tr><td>零件名称</td><td></td><td colspan="2">编号</td><td colspan="2"></td><td colspan="2">姓名</td><td></td><td>日期</td><td></td></tr>
<tr><td>被测零件图</td><td colspan="10"> 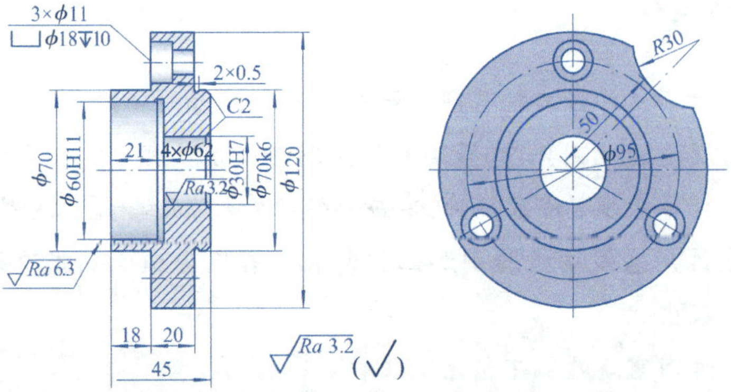3×ϕ11
ϕ18↧10
2×0.5
C2
21
4×ϕ62
ϕ70
ϕ60H11
ϕ30H7
ϕ70k6
ϕ120
Ra 3.2
Ra 6.3
18
20
45
Ra 3.2（√）
R30
50
ϕ95</td></tr>
<tr><td rowspan="2">序号</td><td rowspan="2">项目</td><td rowspan="2">图样要求</td><td rowspan="2">使用量具</td><td rowspan="2">规格</td><td colspan="5">测量数据</td><td rowspan="2">是否合格</td></tr>
<tr><td>1</td><td>2</td><td>3</td><td>4</td><td>5</td></tr>
<tr><td>1</td><td rowspan="4">孔径测量</td><td>$\phi 60\mathrm{H11}(^{+0.19}_{\ 0})$</td><td></td><td></td><td></td><td></td><td></td><td></td><td></td><td></td></tr>
<tr><td>2</td><td>$\phi 30\mathrm{H7}(^{+0.021}_{\ 0})$</td><td></td><td></td><td></td><td></td><td></td><td></td><td></td><td></td></tr>
<tr><td>3</td><td>ϕ11（3处）</td><td></td><td></td><td></td><td></td><td></td><td></td><td></td><td></td></tr>
<tr><td>4</td><td>ϕ18　10</td><td></td><td></td><td></td><td></td><td></td><td></td><td></td><td></td></tr>
</table>

二、清洁

清理工件被测表面，用干净棉布擦拭游标卡尺和千分尺，用专用环规校对千分尺零位。

三、测量

1）用游标卡尺内测量爪分别测量孔径$\phi 60H11(^{+0.19}_{0})$、$3\times\phi 11$以及沉孔$\phi 18$，记录测量数据。

测量孔径时，游标卡尺两内测量爪应在孔的直径上，不能偏歪，如图2-12e所示。当内测量爪在孔内时，用右手持游标卡尺轻微在孔内游动，找到最大值，然后拧紧紧定螺钉，将游标卡尺轻轻移出被测表面读数。

若用内测千分尺测量，则按前述内测千分尺的使用方法和注意事项操作。

2）用30~35mm规格的三爪内径千分尺测量$\phi 30H7(^{+0.21}_{0})$，记录测量数据。

①三爪内径千分尺使用前需先用专用环规校对零位。

②将千分尺尺寸调至比$\phi 30$略小（如29.7mm），小心将三爪内径千分尺沿孔的中心线方向伸入孔内，用左手扶住尺身，右手转动千分尺测力装置，待测力装置发出两、三声声音后，轻轻抽出千分尺，然后读数。

③为减少测量误差，需要在不同的位置用三爪内径千分尺测量、读数。

四、填写

将检测任务单填写完整。

五、整理

将游标卡尺和千分尺仔细擦净，在游标卡尺测量爪和千分尺测量砧间抹上防护油，并使游标卡尺测量爪分开0.1~0.2mm。将量具放入量具盒，并置于干燥处。

任务评价

根据任务实施过程，将完成任务情况记入表2-7中，完成任务评价。

表2-7 盘类零件孔径测量任务评价

零件名称		编号		姓名		日期	
测量结果的正确性	序号	测量结果正确性			量具选择正确性	数据处理正确性	合格判断的正确性
		测量尺寸	实测平均值	参考值			
	1	ϕ60H11($^{+0.19}_{0}$)					
	2	ϕ30H7($^{+0.021}_{0}$)					
	3	ϕ11（3处）					
	4	ϕ18 10（3处）					
测量方法、手势的正确性				量具维护保养			
教师评语							

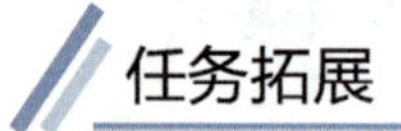

任务拓展

用内径百分表测量孔径

尝试采用内径百分表测量图2-45所示孔径ϕ60H11($^{+0.19}_{0}$)。

测量步骤介绍如下。

一、选择可换测头并安装至测量架上

1）根据被测孔的公称尺寸ϕ60，正确选用可换测头的长度及其伸出距离，应使被测尺寸在活动测头总移动量的中间位置。将可换测头装在量脚上用螺母固定，如图2-62a所示。然后检查活动测头伸缩是否自如、灵活，如图2-62b所示。

2）用游标卡尺或千分尺初测可换测头与活动端之间的距离，使测得的距离比被测孔的直径大0.5~1mm，如测得60.7mm。

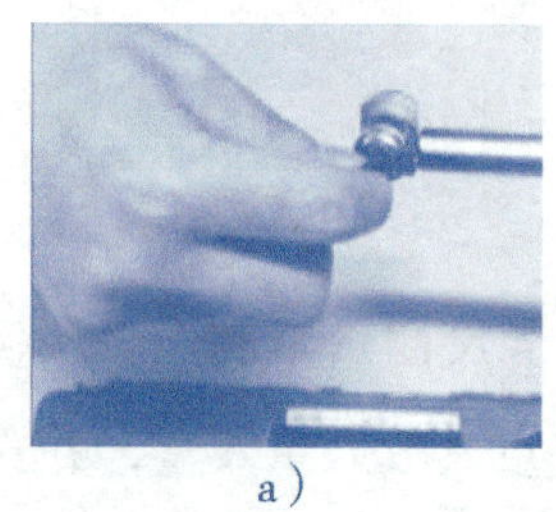

a）

b）

图2-62

应使固定测头先进入千分尺测量砧（图 2−63a），然后使活动测头进入另一个测量砧（图 2−63b），然后紧固可换测头锁紧装置（图 2−63c）。

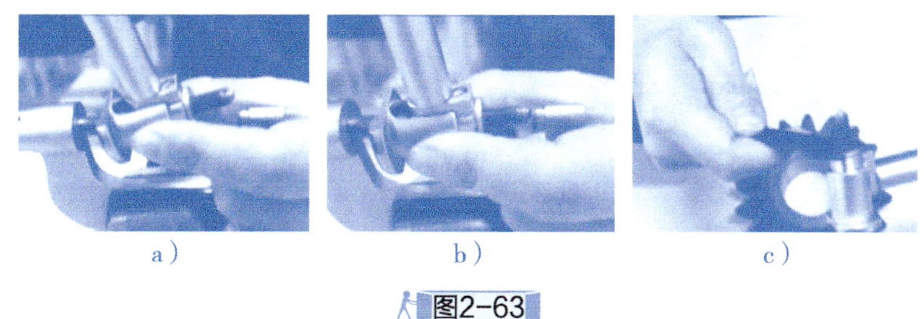

a）　b）　c）

图2−63

二、安装百分表到测量架

插装、预紧、锁紧：将百分表装入测量架上方孔中，如图2−64a所示，向下轻、缓压入，使百分表指针顺时针转动半圈至一圈（即预压0.5~1mm）左右，如图2−64b所示，然后锁紧测量架上的锁紧装置，如图2−64c所示。

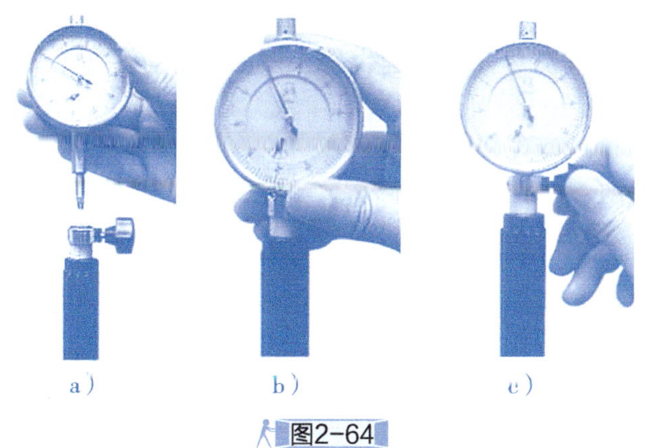

a）　b）　c）

图2−64

三、校对百分表

将50~75mm的外径千分尺紧固于千分尺尺架上，尺寸调至60mm并锁紧千分尺。一手压活动测头，一手握住手柄，将测头放入千分尺两测量砧之间，使固定测头不动。在轴向平面左右摆动测量架，如图2−65a箭头所示，同时在百分表中找出最小读数即“拐点”。转动百分表度盘，使零线与指针的“拐点”处相重合，如图2−65b所示。对好零位后，把内径百分表取出。

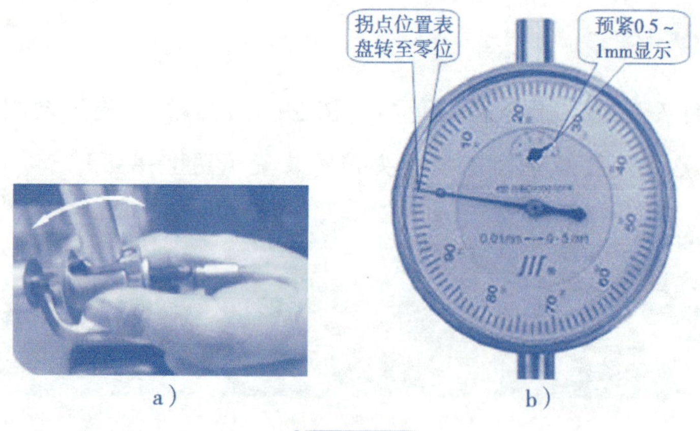

图2-65

四、测量孔径

1）一手握住测量架手持部位，另一手扶住被测量件，将活动测头先放入被测孔内，再轻轻将固定测头挤入，如图2-66所示。

2）找拐点：如图2-67所示，在轴平面左右摆动测量架，找出表的最小读数值（拐点位置）。该读数值就是被测孔径与环规孔径之差。

3）沿孔的轴线方向测量几个截面，每个截面要等分测量3或4个数值，记录测量数据，填入检测任务单。

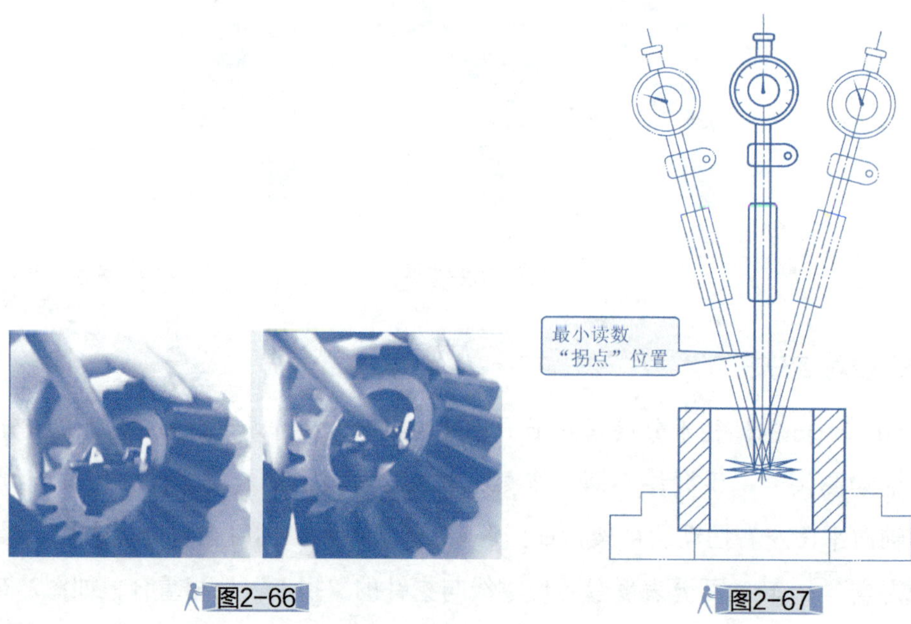

图2-66

图2-67

五、整理

测量完毕，拆下百分表和活动测量头，用干净棉纱擦拭干净，将百分表和测量头分别放入专用盒内,如图2-68所示。

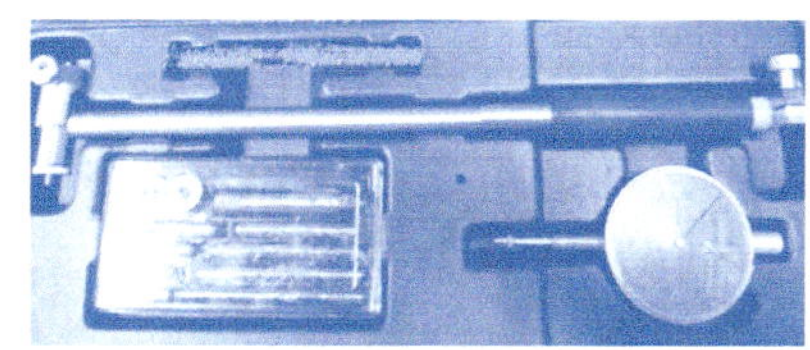

图2-68

百分表保养方法：

1）百分表是较精密的测量工具，要轻拿轻放，不得碰撞或跌落地下。

2）应定期校验百分表精确度和灵敏度。

3）使用前检查活动测头和可换测头表面是否光洁，连接是否稳固；活动测头伸缩要自如。

4）注意要避免水、油和灰尘渗入表内，测量杆上也不要加油，以免粘有灰尘的油污进入表内，影响表的灵敏性。同时应使百分表测量杆处于自在形态，以免表内弹簧生锈失效。

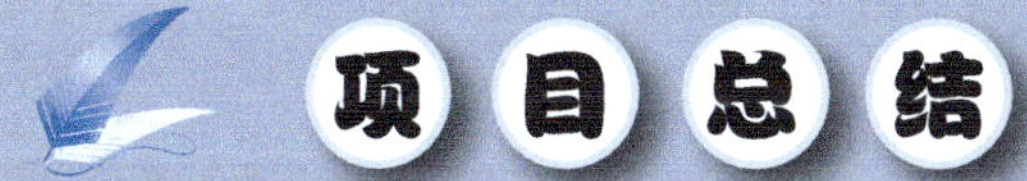

项目总结

本项目主要介绍长度、轴径、孔径等线性尺寸的测量方法、步骤以及合适的测量量具选用。学会线性尺寸的测量是机械加工和检测的基本技能。测量线性尺寸可以使用的量具品种多，需要根据尺寸公差要求以及量具的精度、示值误差、规格、适用场合等因素合理选择。测量技能的形成先要严格按照规范要求、步骤进行，然后再追求熟能生巧、快速、准确。同时，在学习测量的过程中，必须严格按照量具的使用、维护、保养注意事项，注重良好职业素养的培养。

项目评测

一、填空题

1. 线性尺寸是指______之间的距离，如______、______、______等。

2. 游标卡尺是_____测量精度的量具，一般可用来测量工件的____、_____、和_______等。

3. 千分尺是一种______的测微量具，其测量精度比游标卡尺______，最小刻度为______mm，且测量比较灵活，用来测量加工精度要求较高的工件尺寸。

4. 外径千分尺主要用于测量紧密工件的______、______和______等尺寸。

5. 图2–69所示的读数为_______mm，图2–70所示的读数为_______mm。

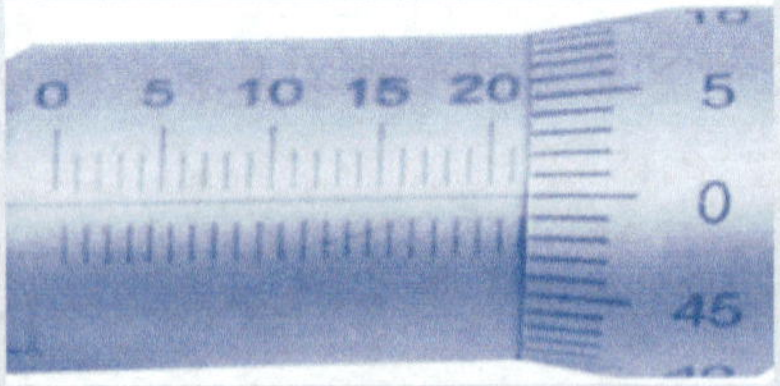

图2–69

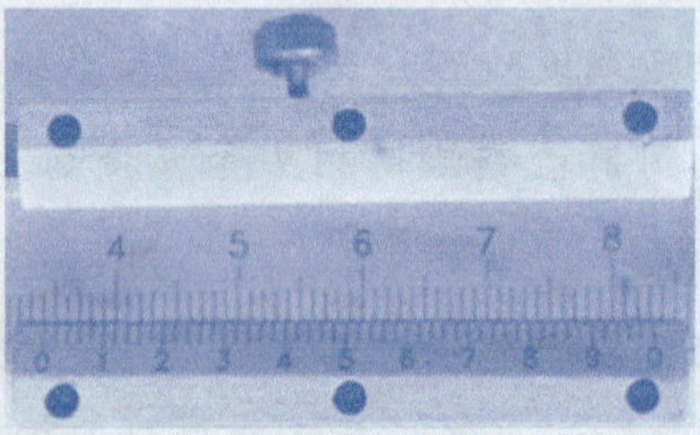

图2–70

6. 内测千分尺用于测量_______和_______的宽度。

7. 千分尺测量孔径时应找出______读数值为正确值，测量槽时应以______读数值为正确值。

8. 三爪内径千分尺适用于测量_______直径的_______内孔，尤其适于测量______的直径。

9. 内径百分表是_______和_______的组合，采用_______测量方法测量或检验零件的_______、_______及其_______精度。

10. 用内径百分表测量内径，测量前应根据________的大小，在________或上调整好尺寸后才能使用。

11. 孔用塞规是光滑极限量规中的一种，是没有刻度的________专用量具，用于生产中检验光滑孔的直径尺寸是否符合_______。

12. 安装百分表到测量架应先_______再_______，然后_______百分表。

二、判断题

1. 游标卡尺可以测量毛坯或高精度工件。（ ）

2. 尺寸36 ± 0.02可以用游标卡尺准确测量出来。（ ）

3. 对于圆弧形沟槽尺寸，应当用游标卡尺的刃口形量爪进行测量。（ ）

4. 台阶高度也可以用游标卡尺测量。（ ）

5. 用游标卡尺测量内孔时，若两内测量爪不在孔的直径上，则测量结果将比实际孔径要大。（ ）

6. 一般用千分尺测量IT6 ~ IT10级精度的零件尺寸较为合适。（ ）

7. 用外径千分尺测量轴径时，测微螺杆要与零件的轴线垂直，不能歪斜，否则测量结果不准确。（ ）

8. 用千分尺测量尺寸时，必须用手转紧活动套管，否则测量将不准确。（ ）

9. 为提高工作效率，千分尺可以测量慢速转动中的工件。（ ）

10. 游标卡尺和千分尺使用前都必须先校对零位。（ ）

11. 使用轴用量规只能判断轴尺寸是否合格，不能测出轴尺寸的具体数字。（ ）

12. 量规是用来判断轴尺寸是否在规定的两极限尺寸范围内，必须成对使用。（ ）

13. 用量规检测轴尺寸时，若通端不过，该轴即视为报废。（ ）

14. 手持量规检测轴的尺寸时，通端需要手持稍微加压通过，止端不过，即尺寸合格。（ ）

15. 内测千分尺的测量方向和读数方向与外径千分尺相同。（ ）

16. 两点内径千分尺除可用来测量内径外，也可用来测量槽宽和机体两个内端面之间的距离等内尺寸，测量范围为10 ~ 1000mm。（ ）

17. 两点式千分尺不是自定中心的，但三爪内径千分尺是自定中心的。（ ）

18. 孔用塞规检验孔径时，通端过止端止，即表示该孔符合公差要求。（ ）

19. 孔用塞规检验孔径时，当被测孔处于垂直状态时，应不加任何压力而使塞规的通端以它自身的重力顺着孔的中心线滑入孔内。（ ）

20. 为提高工作效率，刚加工完的孔可以马上用塞规去检验。（ ）

21. 用内径百分表测量孔径能检测出被测孔径与环规孔径之差。（ ）

三、问答分析题

1. 零件线性尺寸测量的常用量具有哪些？
2. 简述游标卡尺的维护保养方法。
3. 简述千分尺的维护保养方法。
4. 孔用塞规检验孔径公差的原理是什么？
5. 使用三爪内径千分尺测量孔径应注意哪些问题？
6. 如何保养百分表？

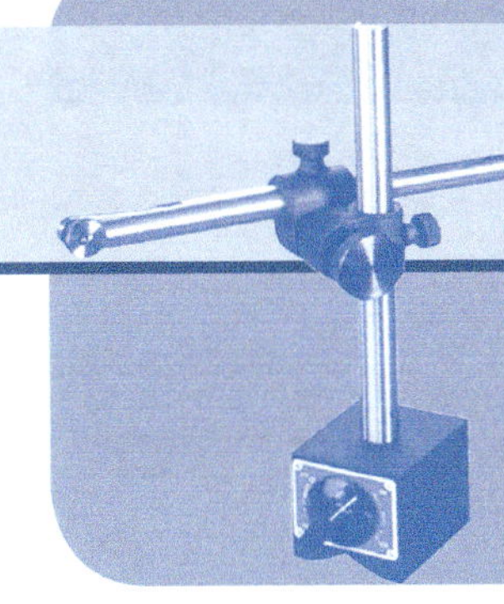

项目三

测量零件几何误差

项目描述

在加工过程中，由于机床、刀具、夹具等多方面因素的影响，使被加工零件的几何要素不可避免地产生误差。除了项目二介绍的尺寸误差外，还有形状和位置误差，简称几何误差，它直接影响零件的使用功能和互换性。

正确识读几何公差是机械产品几何要素精度设计的前提条件之一。为了保证设计要求，实现零件的互换性，零件加工之后，应对零件的几何误差进行检测，判断其是否合格。

任务一　测量零件形状误差

学习目标

- 能正确识读平面度公差的标注；
- 能熟练使用刀口尺、塞尺等量具；
- 会检测典型零件的平面度并判断尺寸是否合格；
- 会填写检测报告并能处理测量数据；
- 加深对形状误差在零件精度中重要性的认识；
- 学会理论联系实际，在实际操作中掌握测量形状误差的基本知识和技能；
- 形成塞尺、刀口尺等量具的使用规范意识，养成爱护量具的良好习惯。

任务呈现

图3-1所示为机加工车间普通铣床的导轨，现在要对导轨如图3-2所示某一项形状误差进行检测。

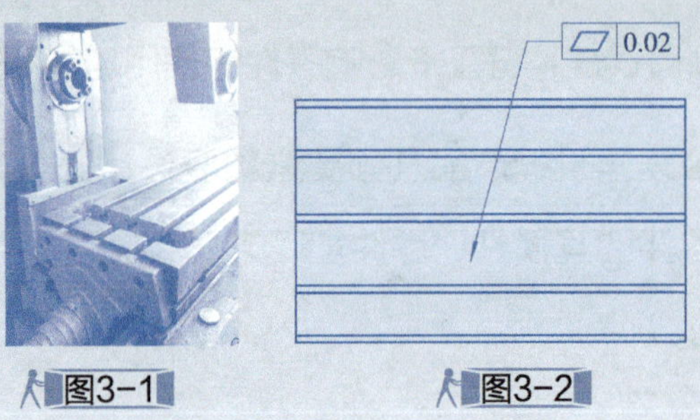

图3-1　　图3-2

想一想

1）你认识图 3-2 中的形状公差吗？

2）你会用简易的方法测量该形状误差吗？

知识链接

一、形状误差概述

形状误差是指被测实际要素对其理想要素的变动量。具体而言，就是用被测实际要素的形状与其理想要素的形状相比较后得到的差异。

理想要素是指具有几何意义的要素如零件图形中的点、线和面，即不存在几何和其他误差的要素。实际要素是指零件上实际存在的要素，即加工后得到的要素。

想一想

形状误差与形状公差有何区别？

形状误差和形状公差仅一字之差，但其具体内涵却相差很大，形状公差是指单一要素的形状所允许的变动范围。它们的共同点都涉及被测实际要素和理想要素两个要素。区别在于形状误差是两者比较后的具体一个数值，形状公差是被测实际要素所允许的最大变动范围。

二、平面度公差

平面度是限制被测实际表面对其理想平面变动量的一项指标，用于对实际平面的形状精度提出要求。

图3-3所示零件表面的平面度公差为0.1 mm。其表面应限定在间距等于0.1mm的两平行平面之间，如图3-4所示。公差带的理论方向与图样上的指引线的箭头方向垂直，实际方向由最小条件确定。

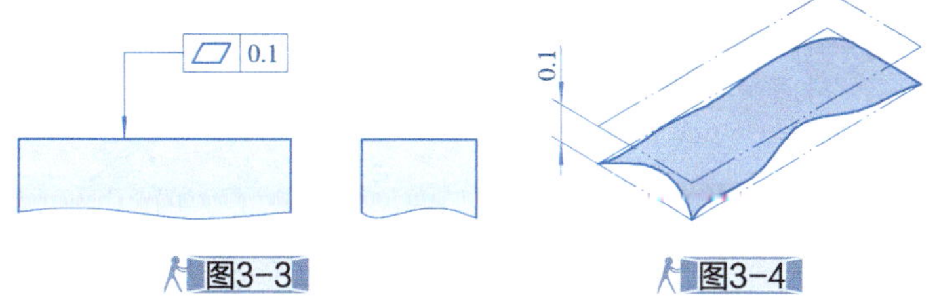

图3-3　图3-4

试一试

学习了上面的理论知识后，你知道图 3-2 所示的普通铣床导轨的形状公差是什么了吗？你能正确识读它吗？

普通铣床导轨的形状公差是平面度公差，导轨平面的平面度公差为 0.02 mm，其平面应限定在间距等于 0.02 mm 的两平行平面之间。

三、测量设备

1. 塞尺

塞尺如图3-5所示，它是指具有标准厚度尺寸的单片或成组的薄片。塞尺用于测量两结合面之间的间隙，使用时可以一片或数片重叠在一起插入间隙内测量。

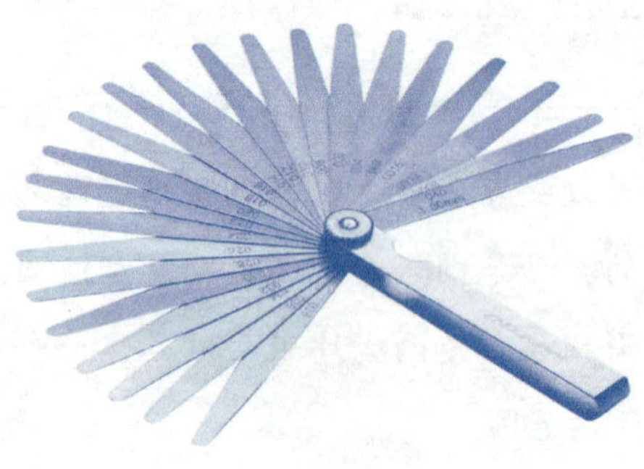

图3-5

2. 刀口尺

刀口尺是具有一个或一个以上测量面的刀口形直尺，如图3-6所示。刀口尺主要用来测量工件的直线度或平面度误差。

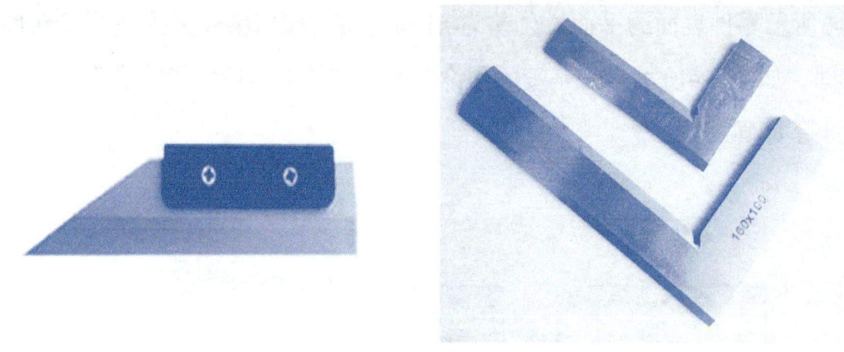

图3-6

任务实施

一、任务准备

准备被测零件（普通铣床导轨）、塞尺、刀口尺、笔、零件检测任务单（表3-1）等物品。

表3-1　零件检测任务单

<table>
<tr><td colspan="2">零件名称</td><td></td><td>编号</td><td></td><td colspan="2">姓名</td><td colspan="2"></td><td>日期</td><td></td></tr>
<tr><td colspan="2">被测零件图</td><td colspan="9"></td></tr>
<tr><td rowspan="2">序号</td><td rowspan="2">项目</td><td rowspan="2">图样要求</td><td rowspan="2">使用量具</td><td rowspan="2">规格</td><td colspan="4">测量数据</td><td rowspan="2" colspan="2">是否合格</td></tr>
<tr><td>1</td><td>2</td><td>3</td><td>4</td></tr>
<tr><td>1</td><td>平面度</td><td>0.02</td><td></td><td></td><td></td><td></td><td></td><td></td><td colspan="2"></td></tr>
</table>

二、清洁

（1）清洁塞尺　用一块干净的毛巾将塞尺的钢片全面擦拭干净，如图3-7所示。注意不要把薄的钢片碰弯、折断。每一片都要清洁干净。塞尺粘有杂质会影响测量结果。

（2）清洁刀口尺　刀口清洁时要轻轻擦拭，避免损伤刀刃，应保证刀口尺表面清洁光亮，如图3-8所示。

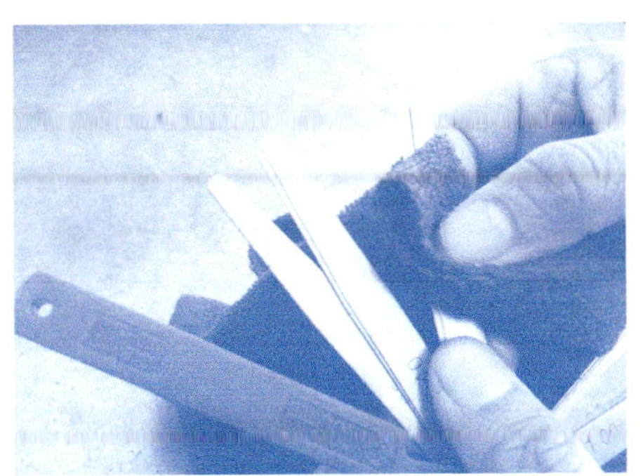

图3-7

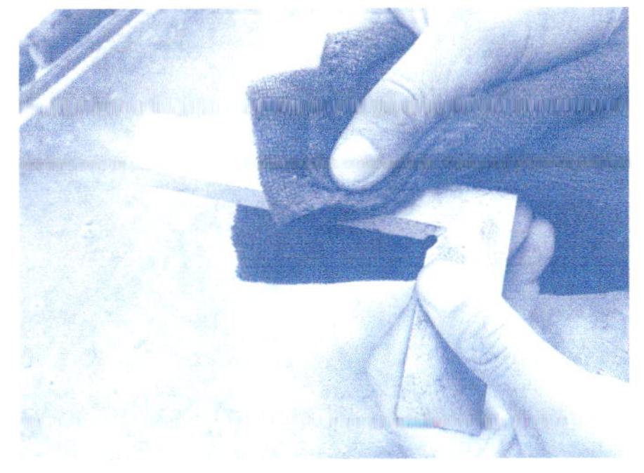

图3-8

注意

清洁不同的物品不应该用同一块毛巾。

三、测量

1）清洁普通铣床工作台，如图3–9所示。

2）拿取刀口尺的方法如图3–10所示。若刀口尺有绝热板，应握绝热板，避免温度影响和产生锈蚀。

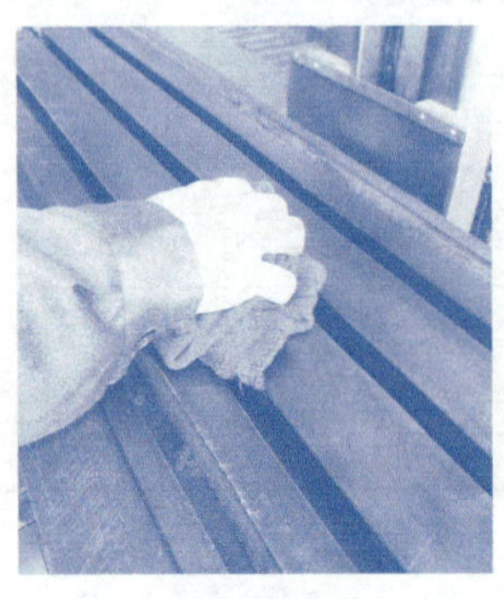

图3–9

图3–10

3）选取普通铣床工作台的测量平面，如图3–11所示。为了测量方便，选取比较宽的钢槽平面。

4）用一只手拿刀口尺，在横向位置，使刀口尺的工作棱边轻轻地与被测面接触，凭刀口尺的自重使其工作棱边与被测面紧密贴合接触，如图3–12所示（不允许施加压力于刀口尺）。

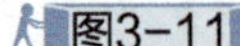

图3–11

图3–12

5）刀口尺工作棱边与被检表面接触后，如果刀口尺与工件平面透光微弱而均匀，说明该工件平面度合格，如图3–13所示；如果进光强弱不一，说明该工件平面凹凸不平。可在刀口尺与工件紧靠处用塞尺插入，根据塞尺的厚度来确定平面度的误差。

将刀口尺垂直紧靠在工件表面，利用塞尺配合在纵向、横向和两个对角线方向检查读数，分别如图3–14、图3–15、图3–16所示。

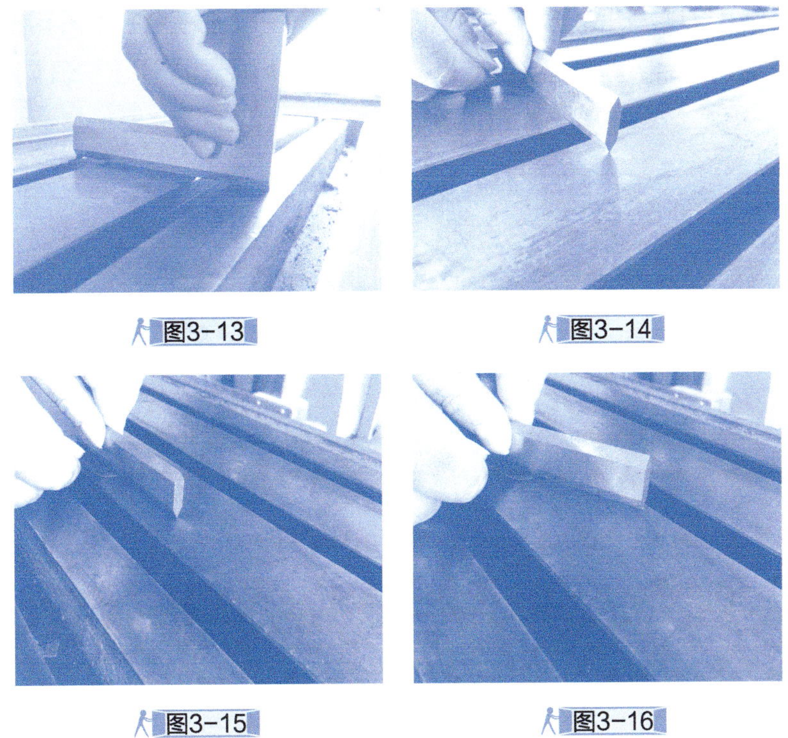

图3-13　图3-14

图3-15　图3-16

四、填写

将检测任务单填写完整。

五、整理

（1）整理塞尺　塞尺上不得有污垢、锈蚀和杂物；塞尺使用完毕后要将测量面擦拭干净，并涂油，涂油时用手指均匀地抹开，如图3-17所示。将塞尺测量片小心收回夹框内，以防锈蚀、弯曲或变形，然后放回塞尺盒内，如图3-18所示。

图3-17

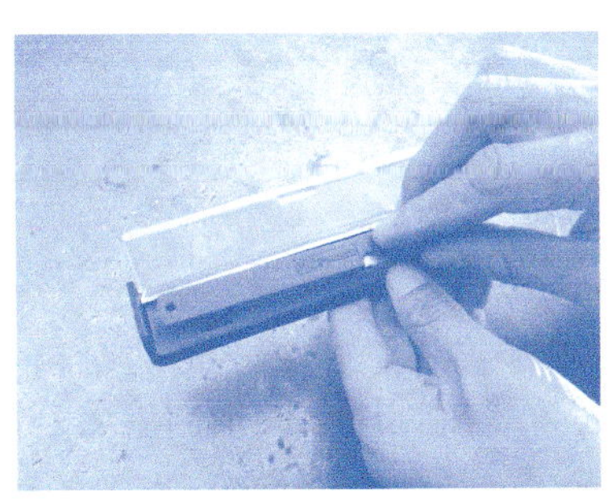

图3-18

（2）整理刀口尺　清洁刀口尺，并在其工作面上涂上防锈油，如图3–19所示；将刀口尺放入专用盒内，如图3–20所示。

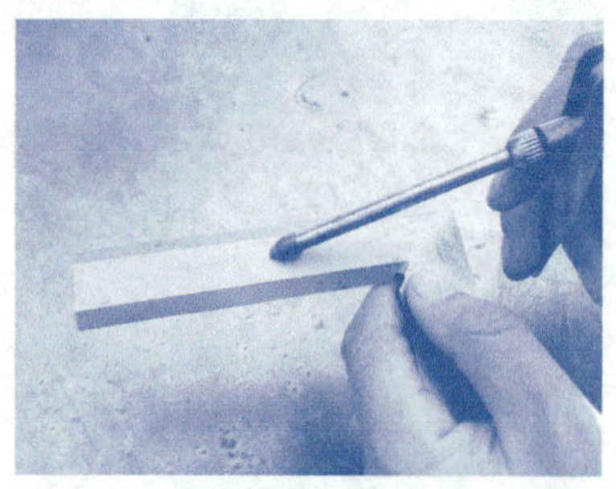

图3–19

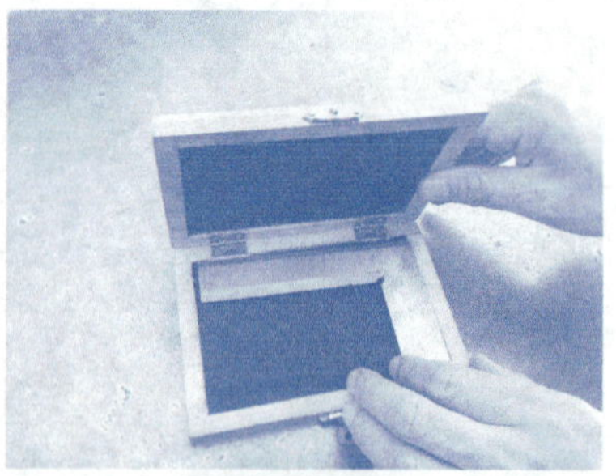

图3–20

试一试

学习了上面的操作步骤后，你会检测平面的平面度误差了吗？赶紧动手试一试吧！

任务评价

根据任务实施过程，将完成任务情况记入表3–2中，完成任务评价。

表3–2　普通铣床导轨平面度检测任务评价

<table>
<tr><td>零件名称</td><td colspan="2"></td><td>编号</td><td></td><td>姓名</td><td colspan="2"></td><td>日期</td><td></td></tr>
<tr><td rowspan="3">测量结果的正确性</td><td rowspan="2">序号</td><td colspan="3">测量结果正确性</td><td colspan="2" rowspan="2">量具选择正确性</td><td colspan="2" rowspan="2">数据处理正确性</td><td rowspan="2">合格判断的正确性</td></tr>
<tr><td>测量尺寸</td><td>实测最大值</td><td>参考值</td></tr>
<tr><td>1</td><td>0.02</td><td></td><td></td><td colspan="2"></td><td colspan="2"></td><td></td></tr>
<tr><td>测量方法、手势的正确性</td><td colspan="3"></td><td>量具维护保养</td><td colspan="5"></td></tr>
<tr><td>教师评语</td><td colspan="9"></td></tr>
</table>

任务拓展

形状公差除了上面所学的平面度公差外，还有直线度、圆度和圆柱度三个项目。形状公差带不涉及基准，只有形状和大小的要求，没有方向和位置的要求，即形状公差带的方位是浮动的。

一、直线度公差

直线度公差限制被测实际直线对理想直线的变动量。主要有三种类型：

1. 在给定方向上的直线度公差

图3-21表示被测圆柱面上的任意素线直线度公差为0.1 mm。直线度公差带是指被测圆柱面的任一素线必须位于距离为公差值0.1 mm的两平行平面之间，如图3-22所示。

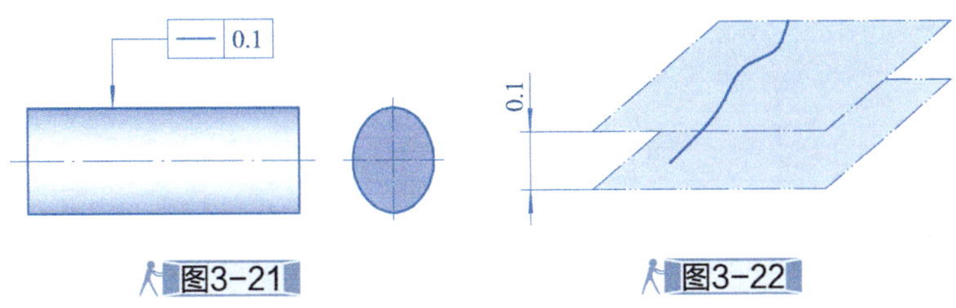

图3-21　图3-22

2. 在任意方向上的直线度公差

图3-23表示圆柱面轴线在任一方向的直线度公差为ϕ0.1 mm。被测直线在围绕其一周范围内的任何方向都有直线度要求。直线度公差带是指被测圆柱体的轴线必须位于距离为公差值ϕ0.1 mm的圆柱面内，公差值前必须加注“ϕ”，如图3-24所示。

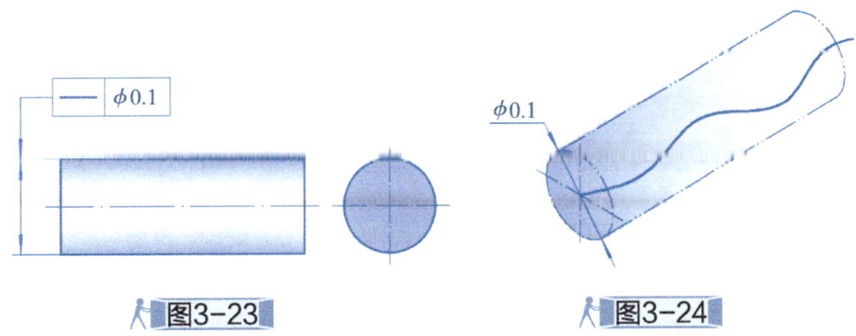

图3-23　图3-24

3. 在给定平面内的直线度公差

图3-25表示被测表面的各条素线直线度公差为0.1 mm。直线度公差带是指被测表面的素线必须位于平行于图样上所示投影而且距离为公差值0.1 mm的两平行直线之间，如图3-26所示。

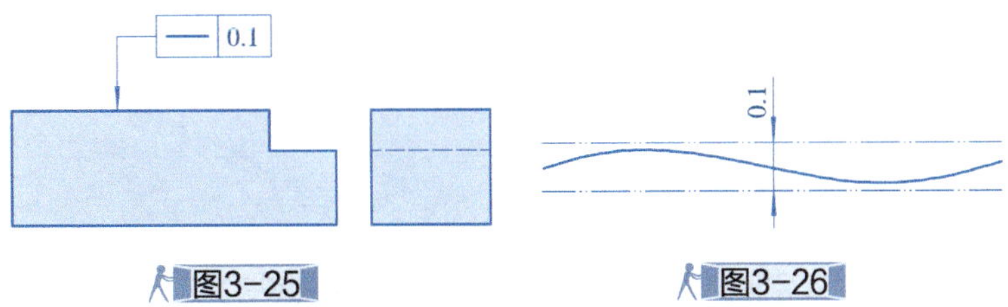

图3-25　图3-26

二、直线度检测

直线度的测量方法主要有两种，一是使用刀口尺测量，如图3-27所示，二是在两顶尖间测量，如图3-28所示。

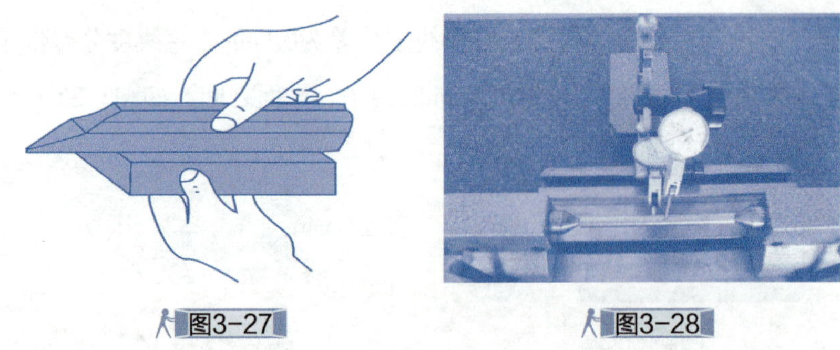

图3-27　图3-28

三、圆度公差

圆度公差限制实际圆对理想圆的变动量，用于对回转面在任一截面上的圆轮廓提出形状精度的要求。图3-29所示圆柱面的圆度公差为0.02 mm。圆度公差带含义是被测圆柱面任一正截面的圆周必须位于半径差为公差值0.02 mm的两同心圆之间，如图3-30所示。

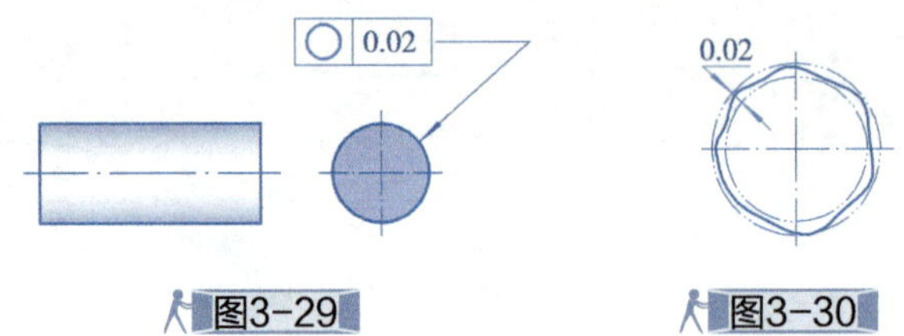

图3-29　图3-30

四、圆柱度公差

圆柱度公差限制实际圆柱面对理想圆柱面的变动量。图3-31所示圆柱面的圆柱度公差为0.05 mm。圆柱度公差带含义是被测圆柱面必须位于半径差为公差值0.05 mm的两同轴圆柱面之间，如图3-32所示。

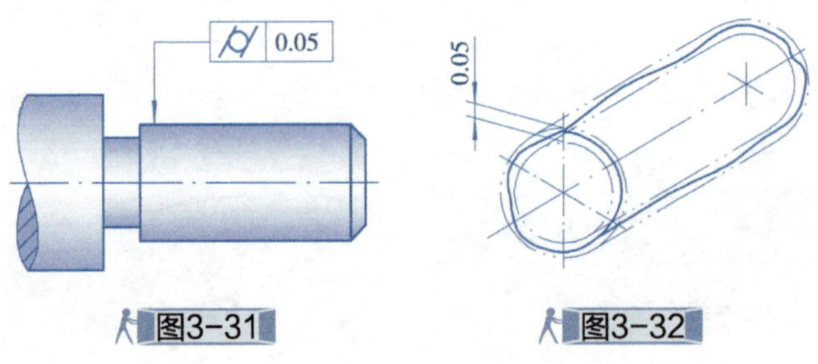

图3-31　图3-32

五、圆度和圆柱度检测

检测外圆表面的圆度误差时，可用千分尺测出同一正截面的最大直径差，此差值的一半即为该截面的圆度误差，如图3–33所示。圆柱度与圆度的检测方法基本相同，所不同的是前者测量头在无径向偏移的情况下，要测若干个横截面，以确定圆柱度误差，如图3–34所示。

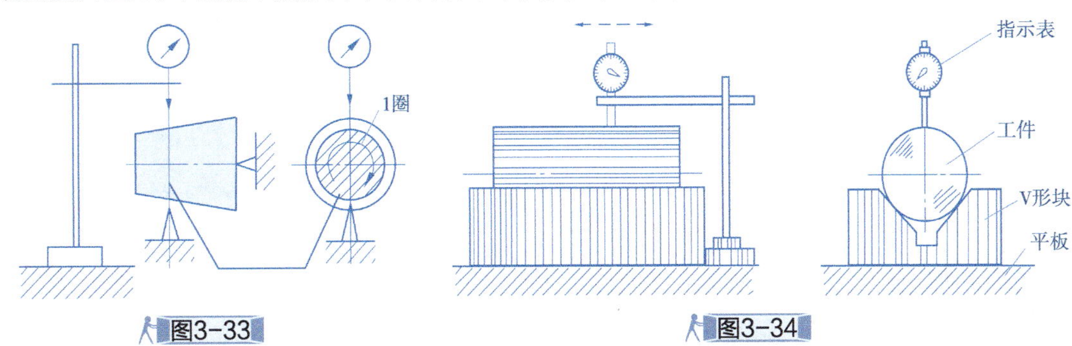

图3–33　　图3–34

试一试

学习了直线度、圆度和圆柱度的知识后，请你依据检测平面度误差的步骤，分别检测这三个形状误差。

任务二　测量零件位置误差

学习目标

- 能正确识读各类跳动公差的标注；
- 能熟练使用磁性表座、百分表等量具；
- 会检测典型零件的跳动，并判断尺寸是否合格；
- 会填写检测报告并能处理测量数据；
- 加深对位置误差在零件精度中重要性的认识；
- 学会理论联系实际，在实际操作中掌握测量位置误差的基本知识和技能；
- 形成磁性表座、百分表、平板、V形块等工量具的使用规范意识，养成爱护量具的良好习惯。

任务呈现

图3–35所示为一个普通台阶轴，现在要对该台阶轴中ϕ45mm的位置误差进行检测，如图3–36所示。

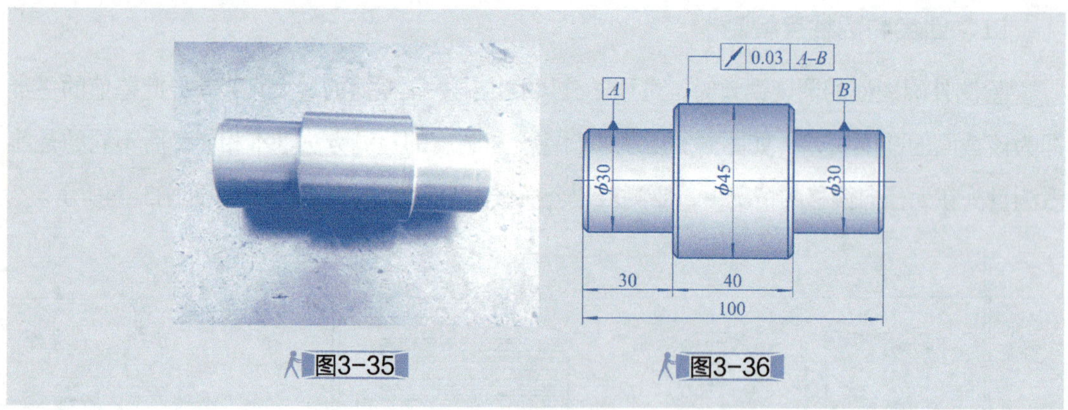

图3-35　　图3-36

想一想

1）你认识图 3-36 中的位置公差吗?

2）你会用简易的方法测量该位置误差吗?

知识链接

一、位置误差与位置公差

位置误差是指被测实际要素对一具有确定位置的理想要素的变动量，理想要素的位置由基准和理论正确尺寸确定。

与位置误差比较接近的概念是位置公差，它是指关联实际要素对基准在位置上允许的变动全量，用于控制误差，以保证被测实际要素相对于基准的位置精度。

二、跳动公差

跳动公差是实际被测要素绕基准要素回转过程中所允许的最大跳动量。跳动分为圆跳动和全跳动。

1. 圆跳动

圆跳动是指实际被测要素无轴向移动绕基准轴线旋转一周过程中，由位置固定的指示表在给定测量方向上测得的最大值和最小值之差。主要有三类:

（1）径向圆跳动　图3-37所示为ϕd_2圆柱面对基准轴线A的径向圆跳动公差为0.05mm。其公差带含义是在垂直于基准轴线A的任一测量平面内，半径差为公差值0.05mm，且圆心在基准轴线上的两个同心圆之间的区域，如图3-38所示。

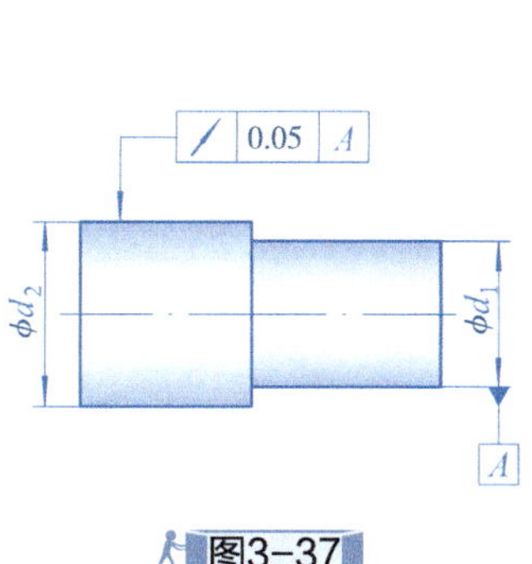

图3-37

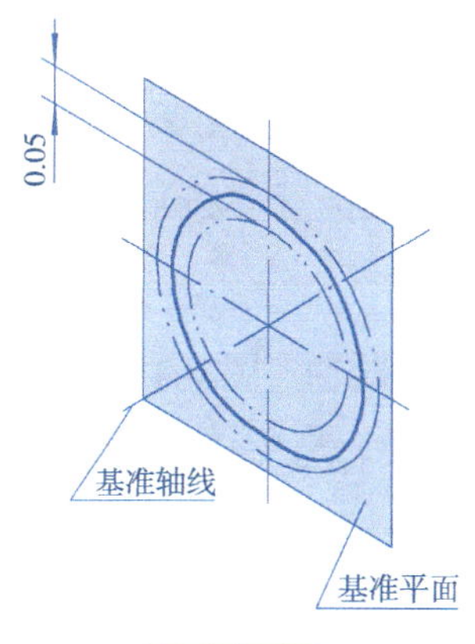

图3-38

（2）轴向圆跳动　图3-39所示左端面对基准轴线A的轴向圆跳动公差为0.05mm。其公差带含义是在与基准轴线同轴的任一直径位置的测量圆柱面上，沿素线方向宽度为0.05mm的圆柱面区域如图3-40所示。

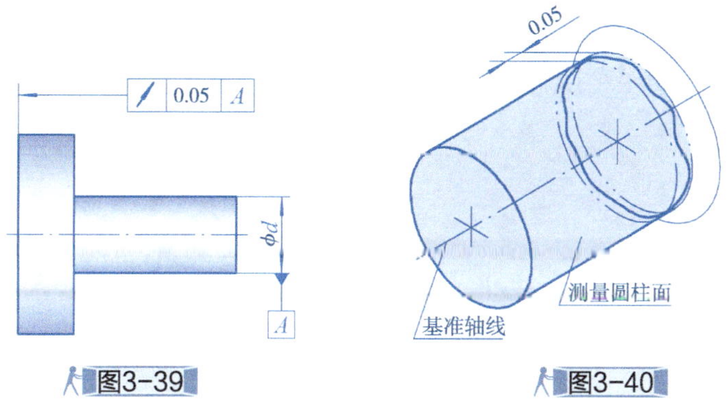

图3-39

图3-40

（3）斜向圆跳动　图3-41表示圆锥面对基准轴线C的斜向圆跳动公差为0.1mm。其公差带含义是在与基准轴线同轴的任一测量圆锥面上，沿素线方向宽度为0.1mm的圆锥面区域（测量圆锥面的素线与被测圆锥面垂直）如图3-42所示。

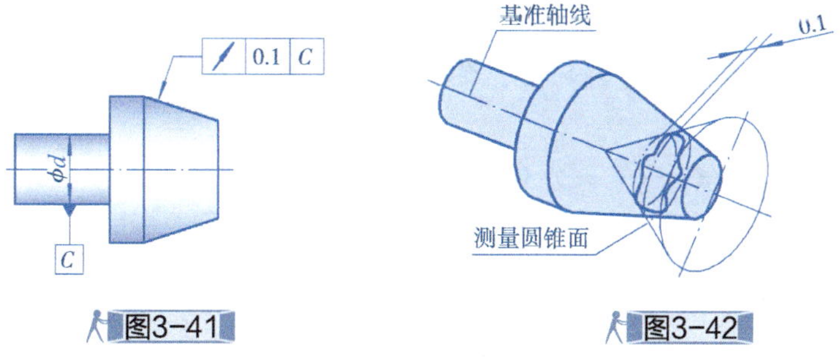

图3-41

图3-42

2. 全跳动

全跳动是指实际被测要素无轴向移动绕基准轴线连续旋转过程中，指示表与实际被测要素作相对直线运动，指示表在给定测量方向上测得的最大值和最小值之差。主要有两类：

（1）径向全跳动　图3-43表示ϕd_2圆柱面对基准轴线A的径向全跳动公差为0.2mm。其公差带含义是半径差为公差值0.2mm，且与基准轴线同轴的两个圆柱面之间的区域，如图3-44所示。

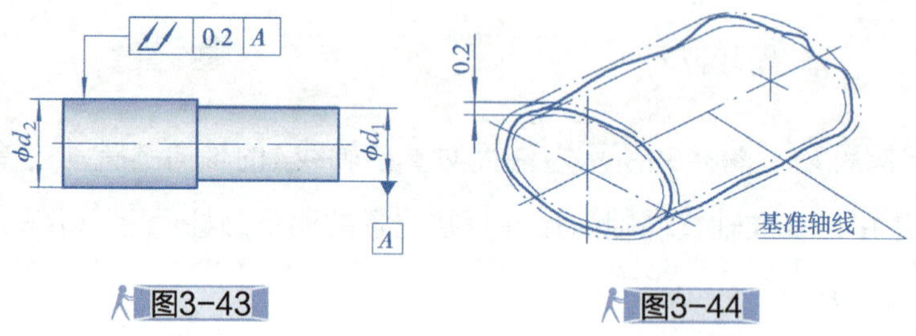

图3-43　　图3-44

（2）轴向全跳动　图3-45表示右端面对基准轴线A的轴向全跳动公差为0.2mm。其公差带含义是间距等于公差值0.2mm，且垂直于基准轴线的两平行平面所限定的区域，如图3-46所示。

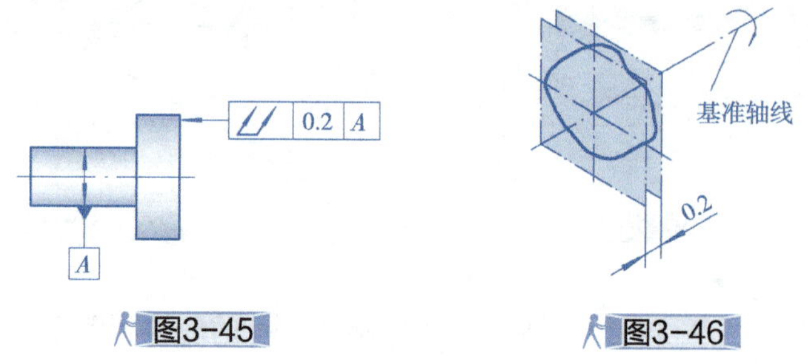

图3-45　　图3-46

试一试

学习了上面的理论知识后，你知道图3-36所示的台阶轴ϕ45mm的位置公差是什么了吗？它具体属于哪一类？你能正确识读它吗？

图3-36所示的台阶轴ϕ45mm的位置公差是跳动公差，它具体属于径向圆跳动。该公差框格表示ϕ45mm的圆柱面在任一垂直于基准轴线的横截面内，实际圆应限定在半径差等于0.03mm、且圆心在基准轴线上的两同心圆之间。

三、测量设备

1. 磁性表座

磁性表座也称万向表座，是机器制造业用途最多，广泛适用于各类机床，也是必不可少的检测工具之一。它由立柱、横杆、磁性底座和各连接件组成，如图3-47所示。

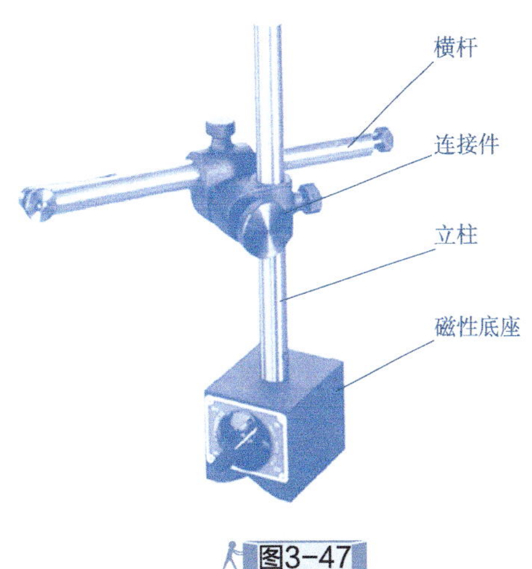

图3-47

2. 百分表

百分表是一种精度较高的比较量具，如图3-48所示，它只能测出相对数值，不能测出绝对数值，主要用于测量形状和位置误差，也可用于机床上安装工件时的精密找正。百分表的分度值为0.01 mm，测量范围为0 ~ 3mm、0 ~ 5mm、0 ~ 10mm。

百分表的读数方法为：先读小指针转过的标尺标线（即毫米整数），再读大指针转过的标尺标线（即小数部分），并乘以0.01，然后两者相加，即得到所测量的数值。

图3-48

3.V 形块

V形块主要用于轴类检验、校正、划线，还可用于检验工件垂直度、平行度。精密轴类零件的检测、划线、定位及机械加工中的装夹，是平台测量中的重要辅助工具。V形块一般用铸铁、大理石或钢加工而成。分为高精度、普通精度两种，如图3-49所示。

图3-49

试一试

学着组装磁性表座各部分，并装上百分表。在平板上尝试给表座电磁上锁和解锁。

任务实施

一、任务准备

1）检查百分表，如图3-50所示。观察表面是否有破损；用右手大拇指轻轻压百分表的测头，看大小指针是否能灵活转动。若指针有卡滞现象，不要继续使用，应及时报告反馈给实习指导教师。

图3-50

2）检查V形块，如图3-51所示。检查V形块的V面是否平整、底面是否平整。

3）检查磁性表座。检查磁性表座各组成零件是否齐全，是否有损坏，如图3-52所示。重点检查磁性底座是否有磁性、磁性底座旋钮是否松脱、是否能正常旋转、V形槽口面是否有损伤等，如图3-53所示。如发现有损坏，应及时向实习指导教师报告。

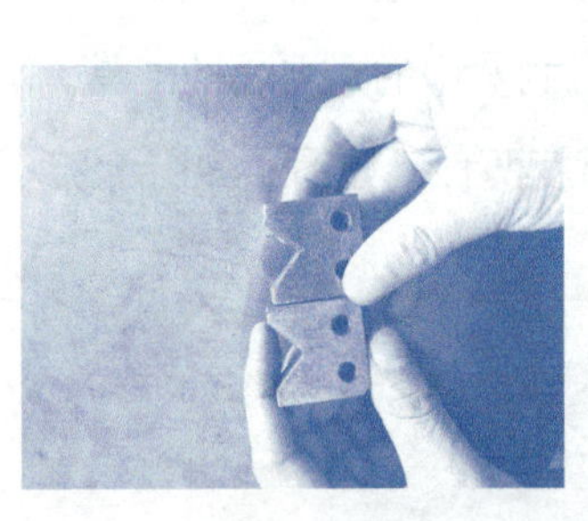

图3-51

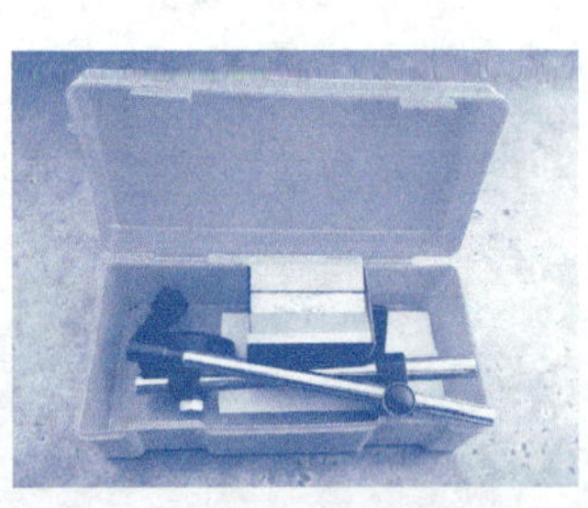

图3-52

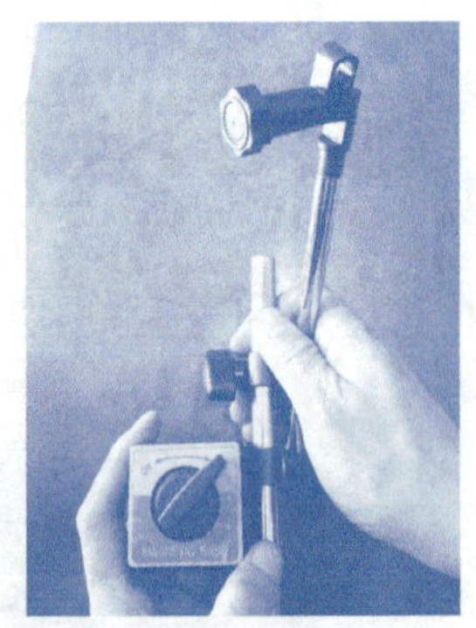

图3-53

4）准备被测零件（普通台阶轴）、笔、零件检测任务单（表3-3）等物品。

表3-3　零件检测任务单

<table>
<tr><td colspan="2">零件名称</td><td></td><td>编号</td><td></td><td colspan="2">姓名</td><td colspan="2"></td><td>日期</td><td></td></tr>
<tr><td colspan="2">被测零件图</td><td colspan="9">↗ 0.03 A—B
A　B
φ30　φ45　φ30
30　40
100</td></tr>
<tr><td rowspan="2">序号</td><td rowspan="2">项目</td><td rowspan="2">图样要求</td><td rowspan="2">使用量具</td><td rowspan="2">规格</td><td colspan="4">测量数据</td><td colspan="2" rowspan="2">是否合格</td></tr>
<tr><td>1</td><td>2</td><td>3</td><td>4</td></tr>
<tr><td>1</td><td>径向圆跳动</td><td>0.03</td><td></td><td></td><td></td><td></td><td></td><td></td><td colspan="2"></td></tr>
</table>

二、清洁

1）清洁工件如图3-54所示；清洁工作台；清洁V形块如图3-55所示，V形块清洁要全面，尤其是V形口位置。清洁时要轻拿轻放。

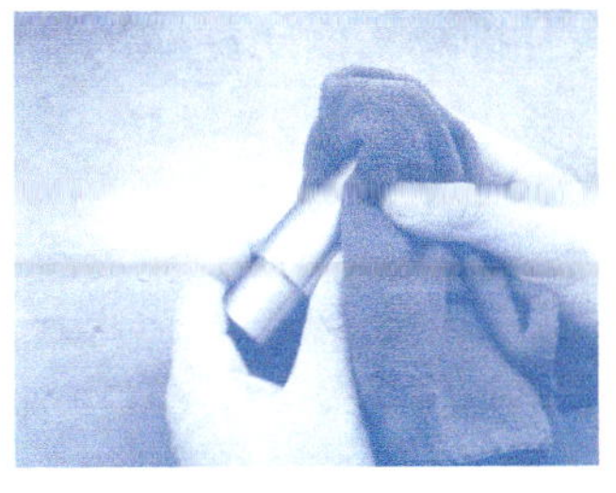

图3-54

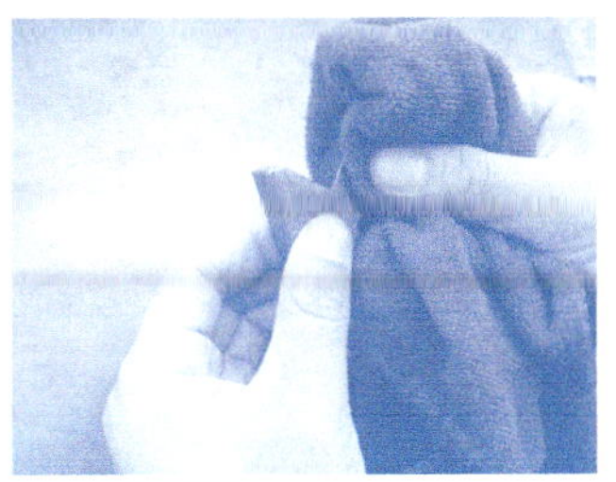

图3-55

2）清洁百分表如图3-56所示。重点是清洁百分表的测量头；清洁时毛巾一定干净，因为百分表是精密量具，不干净会影响测量精度。

清洁磁性表座如图3-57所示。磁性表座的组成零件比较多，每个零件都需要清洁。

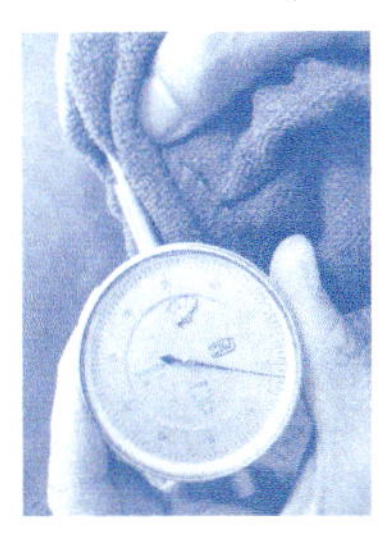

图3-56

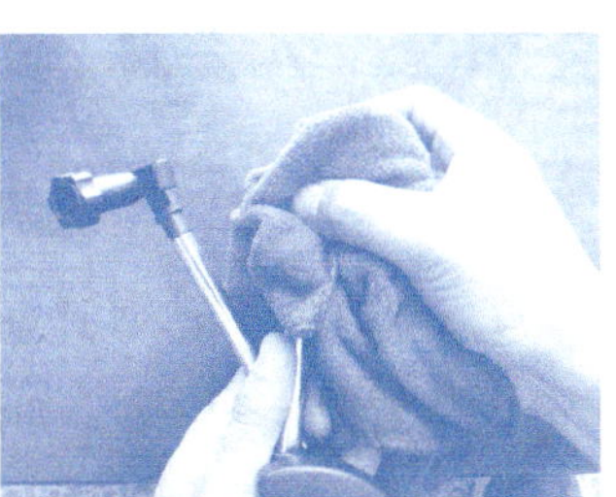

图3-57

三、测量

1）将V形块放到工作平台上，再把台阶轴放到V形块上，如图3-58所示。台阶轴放置要水平，不要倾斜，否则会影响测量结果。

2）将磁性表座放到适合测量的位置，把旋钮转至ON档，调整磁性表座连接杆，使百分表测头垂直抵住台阶轴ϕ45mm的径向最高点位置，并对百分表预压（0.005～0.01 mm），如图3-59所示。

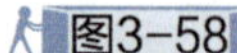

图3-58

图3-59

3）用大拇指和食指轻轻转动百分表度盘，使大指针对准度盘的零标尺标线，如图3-60所示。

4）双手慢慢转动曲轴一圈，一边转动一边仔细观察百分表大指针的偏转，如图3-61所示。

图3-60

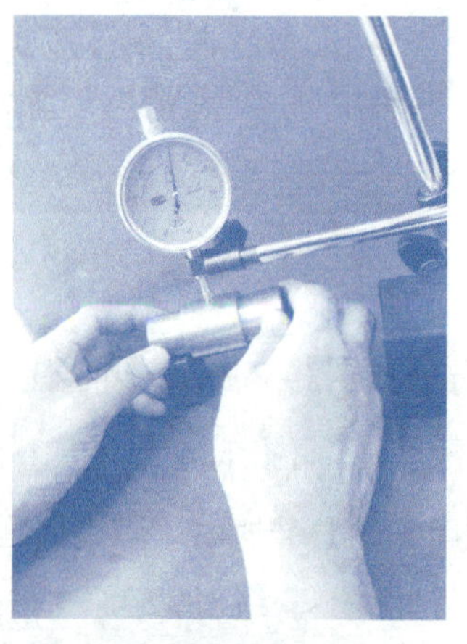

图3-61

5）读数和判断。若百分表大指针逆时针偏离零线最大位置是转过1格，而百分表大指针顺时针偏离零线最大位置是转过3格，如图3-62所示，则台阶轴的圆跳动公差为$(1+3)\times 0.01$mm=0.04 mm。

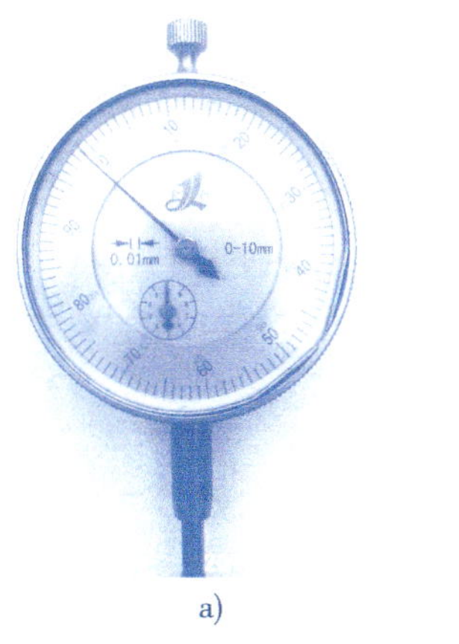

a)

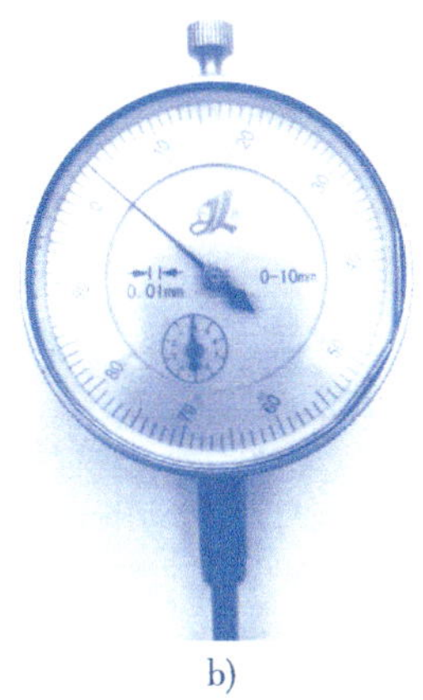

b)

图3-62

根据图3-36所示要求判断其是否合格。

四、填写

将检测任务单填写完整。

五、整理

拆卸百分表，为防止生锈，百分表使用后需要清洁，涂上一层防锈油并放回盒内。

拆卸磁性表座，检查零件有无缺失，清洁后放回盒内，如图3-63所示。最后别忘了清洁V形块。

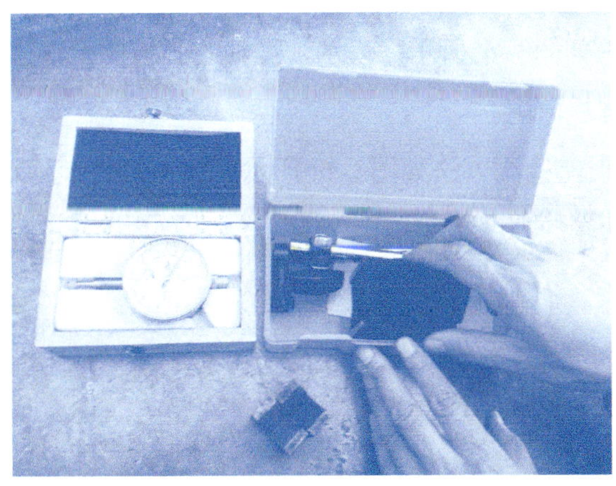

图3-63

任务评价

根据任务实施过程，将完成任务情况记入表3-4中，完成任务评价。

表3-4 径向圆跳动检测任务评价

零件名称		编号		姓名		日期	
测量结果的正确性	序号	测量结果正确性			量具选择正确性	数据处理正确性	合格判断的正确性
		测量尺寸	实测最大值	参考值			
	1	0.03					
测量方法、手势的正确性				量具维护保养			
教师评语							

任务拓展

位置公差按功能特征分为方向公差、位置公差和跳动公差。方向公差主要有平行度和垂直度；位置公差主要有同轴度和对称度；跳动公差主要由圆跳动和全跳动。

一、方向公差

1. 平行度

（1）线对线的平行度公差及误差检测　线对线的平行度公差中被测要素为直线，基准要素为轴线。给定一个方向的线对线平行度公差如图3-64所示，表示被测轴线必须位于距离为公差值0.01 mm且在给定方向上平行于基准轴线的两平行平面之间。在任意方向上的线对线平行度公差如图3-65所示，表示被测轴线必须位于直径为公差值ϕ 0.03 mm，且平行于基准轴线的圆柱面内。

线对线的平行度误差检测方法如图3-66所示，将测量件装入心轴，放到等高V形块上，用指示表测心轴两端的高度M_1和M_2，用$|M_1-M_2|\times L_1/L_2$计算平行度误差。

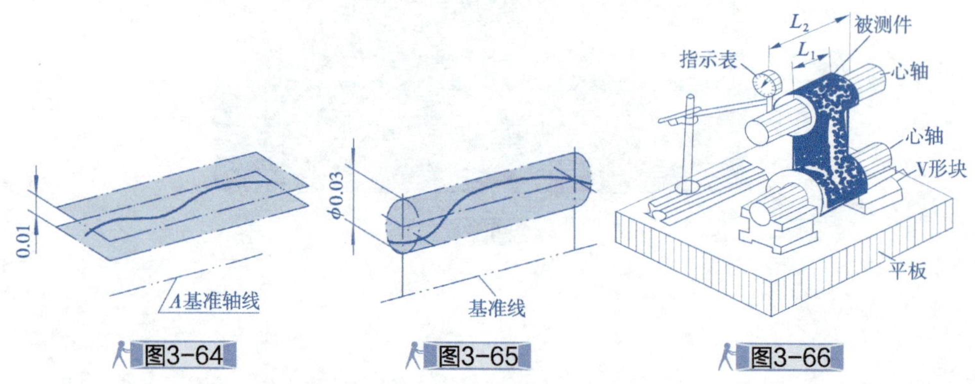

图3-64　图3-65　图3-66

（2）线对面的平行度公差及误差检测　线对面的平行度公差中被测要素为直线，基准要素为平面。线对面的平行度公差如图3-67所示，表示被测实际轴线必须位于距离为公差值0.01 mm，且平行于基准平面B的两平行平面之间。

线对面的平行度误差检测方法如图3-68所示，将测量件装入心轴，用心轴模拟轴线，用指示表测心轴两端的高度M_1和M_2，用$|M_1-M_2|\times L_1/L_2$计算平行度误差。

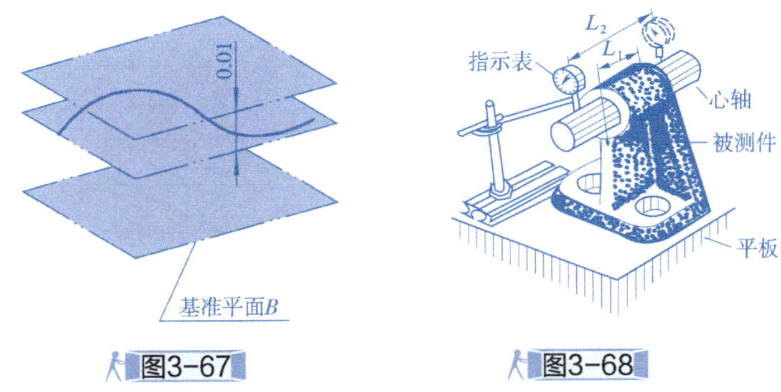

图3-67　　图3-68

（3）面对线的平行度公差及误差检测　面对线的平行度公差中被测要素为平面，基准要素为轴线。面对线的平行度公差如图3-69所示，表示被测实际表面必须位于距离为公差值0.1 mm，且平行于基准轴线的两平行平面之间。

面对线的平行度误差检测方法如图3-70所示，将心轴插入工件基准孔中，然后放在等高V形块上，转动零件使$L_3=L_4$，用指示表测量整个平面，读数的最大差值即为平面度误差。

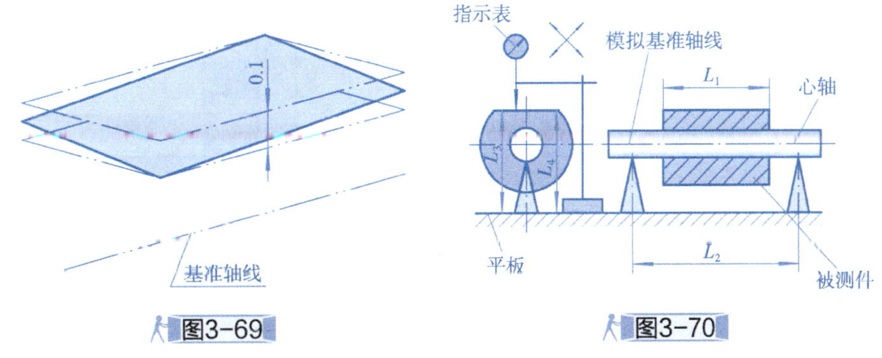

图3-69　　图3-70

（4）面对面的平行度公差及误差检测　面对面的平行度公差中被测要素为平面，基准要素为平面。面对面的平行度公差如图3-71所示，表示被测实际表面必须位于距离为公差值0.01 mm，且平行于基准平面的两平行平面之间。

面对面的平行度误差检测方法如图3-72所示，将被测件放在平板上，在被测件上多方向移动指示表测量，其最大值和最小值的差值即为平面度误差。

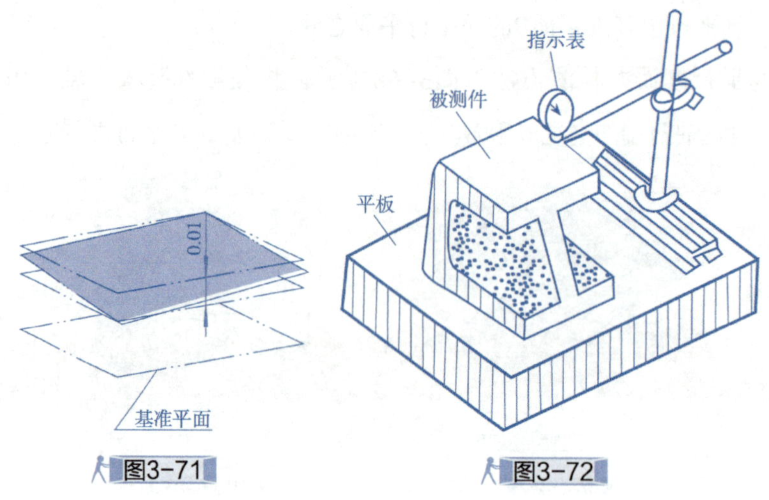

图3-71　　图3-72

2. 垂直度

（1）面对面垂直度公差及误差检测　面对面垂直度公差被测要素为平面，基准要素也为平面。面对面垂直度公差如图3-73所示，表示右侧面必须位于距离为公差值0.08 mm且垂直于基准平面*A*的两平行平面之间。

面对面的垂直度误差检测方法如图3-74所示，用塞尺测量直角尺长边与被测侧面之间的最大间隙，该间隙即为垂直度误差。

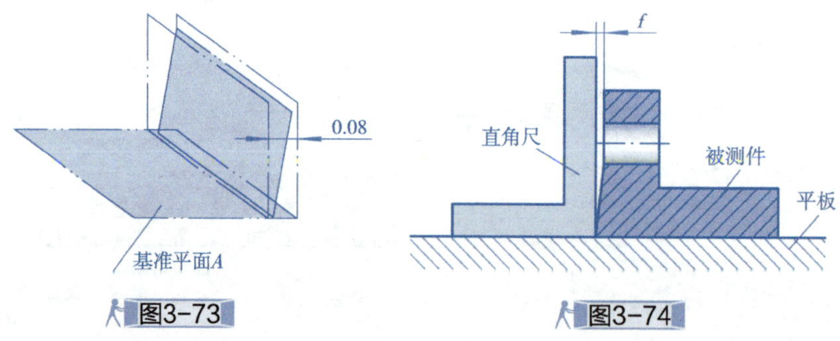

图3-73　　图3-74

（2）面对线垂直度公差及误差检测　面对线垂直度公差如图3-75所示，表示右侧面必须位于距离为公差值0.05mm且垂直于基准轴线*A*的两平行平面之间。

面对线的垂直度误差检测方法如图3-76所示，将被测件放在导向套内，用导向套模拟基准线。指示表在被测件表面移动，最大读数减最小读数即为面对线的垂直度误差。

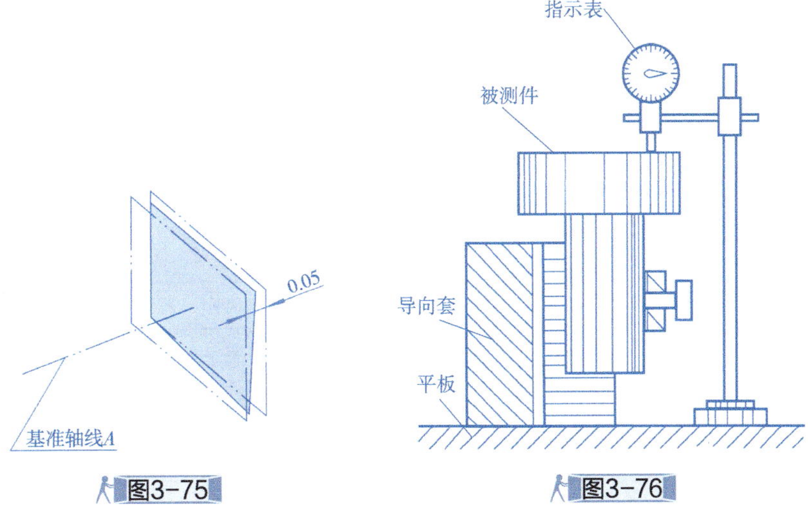

图3-75　　图3-76

（3）线对线垂直度公差及误差检测　线对线垂直度公差如图3-77所示，表示ϕd的轴线必须位于距离为公差值0.02 mm且垂直于基准轴线的两平行平面之间。

线对线的垂直度误差检测方法如图3-78所示，下面的心轴为基准心轴，用指示表测量上面的心轴，测得M_1和M_2，用$|M_1-M_2|\times L_1/L_2$计算垂直度误差。

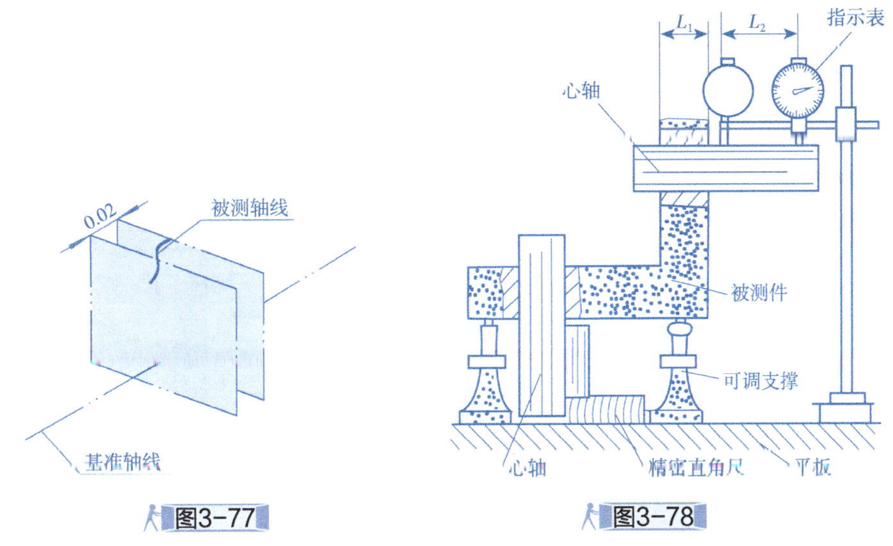

图3-77　　图3-78

（4）线对面垂直度公差及误差检测　线对面的垂直度公差有任意方向上的垂直度和给定方向上的垂直度两种，任意方向上的垂直度如图3-79所示，表示被测外圆的轴线必须位于直径为公差值0.05mm且垂直于基准平面A的圆柱面内。给定方向上的垂直度如图3-80所示，表示ϕd的轴线必须位于距离为公差值0.1mm且垂直于基准平面A的两平行平面之间。

线对面的垂直度误差检测方法如图3-81所示，按需要测量若干个轴向截面轮廓要素上的最大读数M_{max}和M_{min}，然后用垂直度误差公式1/2（$M_{max}-M_{min}$）计算。

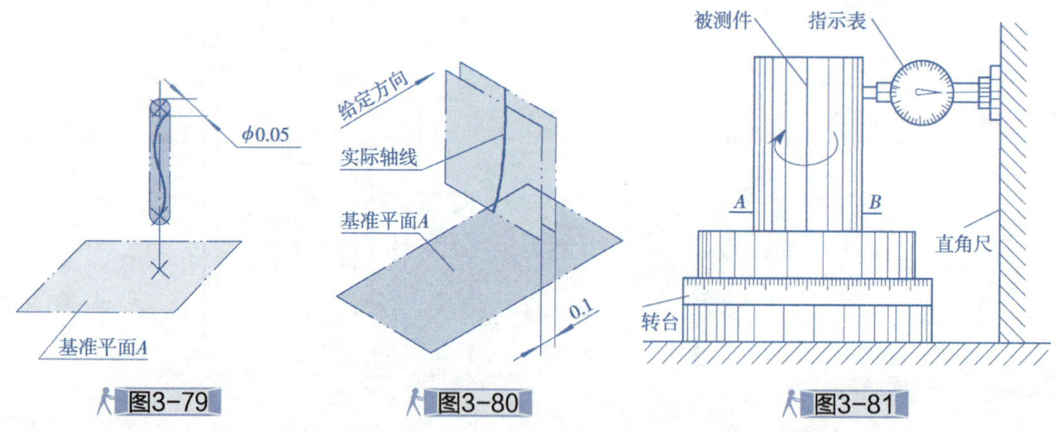

图3-79　图3-80　图3-81

二、位置公差

1. 同轴度公差及误差检测

同轴度公差一般指轴线对轴线的同轴度，如图3-82所示，表示被测外圆的轴线对基准轴线A的同轴度公差为ϕ0.02。

同轴度误差检测方法如图3-83所示，将工件放在V形块上，用百分表接触工件表面，转动被测零件，百分表的变动量即为该零件的同轴度误差。

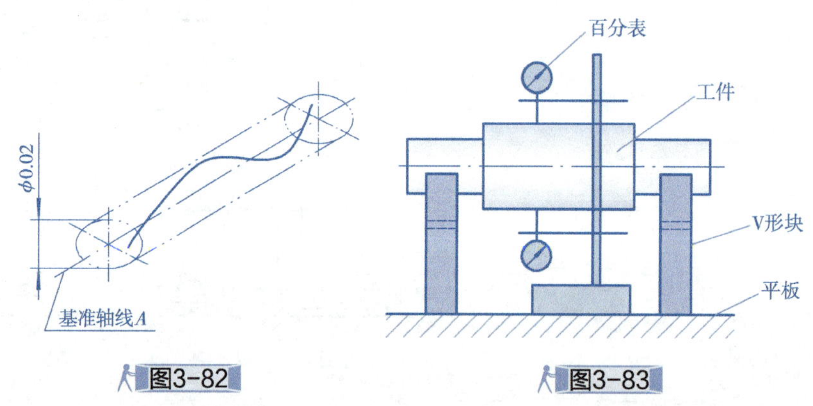

图3-82　图3-83

2. 对称度公差及误差检测

对称度公差如图3-84所示，表示被测中心平面必须位于距离为公差值0.1mm，且相对于基准中心平面A对称配置的两平行平面之间。

对称度误差检测方法如图3-85所示，将工件置于V形块上，测出定位块与平板间的距离1，工件翻转后，测出定位块另一面与平板间的距离2，距离1和距离2之差即为测量工件的对称度误差。

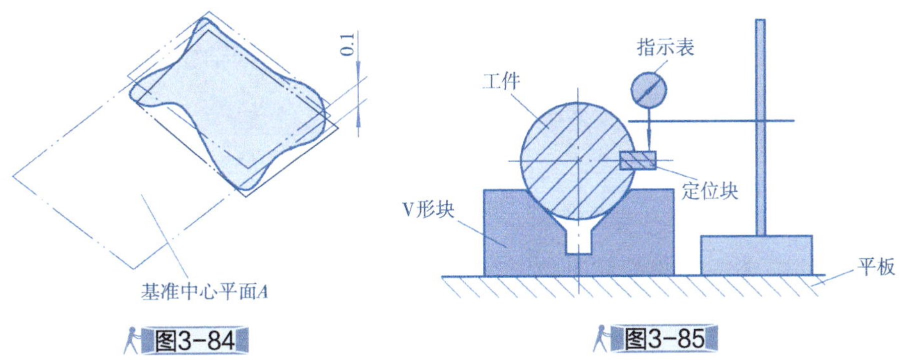

图3-84　图3-85

试一试

学习了平行度、垂直度、同轴度和对称度的知识后，请你依据检测跳动误差的步骤，分别检测这些位置误差。

项目总结

本项目学习了平面度、直线度、圆度和圆柱度等形状公差的定义、公差带的种类和内涵以及这些形状误差的检测方法。也学习了平行度、垂直度、同轴度、对称度和跳动等位置公差的定义、公差带的种类和内涵以及这些位置误差的检测方法。在学习这些几何公差的同时，也熟悉了刀口尺、百分表等相关量具的使用方法。

项目评测

一、填空题

1. 识读形状公差的标注，首先解释形状公差______中各符号或数字的含义，再根据指引线确定______。

2. 要素是零件上的______部位，如点、线或面，又称为______要素，这些要素可以是______要素（如圆柱面），也可以是______要素（如轴线）。

3. 被测实际要素对其公称要素的变动量称为______。

4. 一个零件的形状误差越大，其形状精度越______；反之，则越______。

5. 形状公差就是______要素的形状所允许的变动全量，通俗地说就是被测实际要素在______上相对公称要素所允许的______变动量。

6. 直线度是限制被测______直线对______直线变动量的一项指标。

7. 平面度公差带与给定方向的______公差带相似，公差带的理论方向与图样上指引线的箭头方向______，实际方向由______确定。

8. 平面度的公差带是间距为公差值 t 的两______平面所限定的区域。

9. 平面度公差带的理论方向与图样上指引线的箭头方向______，实际方向由最小条件确定。

10. 检测较大平面的平面度误差时，常用______法。

11. 检测平面度误差时使用的检具为______、______和指示表。

12. 用透光法检测平面度误差时，如果指示表的最大读数与最小读数之差小于或者等于平面度公差值，该零件的平面度______；如果指示表的最大读数与最小读数之差大于平面度公差值，则该零件的平面度______。

13. 圆度是控制______面、______面的截面和______面零件任意面圆的程度的指标。

14. 位置公差是关联实际要素对______在______上所允许的变动全量。

15. 直角尺又称______角尺。

16. 一般情况下被测要素绕基准轴线旋转一周，检测的方向应与基准轴线______。

17. 径向全跳动公差带是基准轴线______的两圆柱面所限定的区域。

二、判断题

1. 平面度是限制实际表面对其理想平面变动量的一项指标，用于对实际平面的形状精度提出要求。（ ）

2. 用透光法检测平面度误差时指示表显示的最大读数与最小读数之差的一半即为平垫铁的平面度误差。（ ）

3. 透光法评定适用于较大平面的平面度误差的检测。（　）

4. 平面的几何特性要比直线复杂，因而平面度公差的公差带形状要比直线度公差的公差带形状复杂。（　）

5. 平面度公差可以用来控制平面上直线的直线度误差。（　）

6. 当形状公差涉及轮廓线或轮廓面等组成要素时，箭头指向该要素的轮廓线或其延长线，应与尺寸线对齐。（　）

7. 当指引线的箭头与尺寸线的箭头重叠时，尺寸线的箭头可以省略。（　）

8. 一个公差框格可以用于具有相同几何特征和公差值的若干个分离要素。（　）

9. 公差带是由一个或几个理想的几何线或面所限定的、由线性公差值表示其大小的范围。（　）

10. 标注圆度公差时指引线的箭头应明显地与尺寸线错开，并且箭头的方向与回转面的轴线垂直。（　）

11. 圆度公差带是指半径为公差值t的圆内的区域。（　）

12. 圆度公差带是两同心圆之间的区域，此两同心圆的圆心必须在被测要素的理想轴线上。（　）

13. 生产中圆跳动公差较为常见。（　）

14. 跳动公差是关联实际要素绕基准轴线旋转一周或若干次旋转时所允许的最小跳动量。（　）

15. 圆跳动公差适用于被测要素任一相同的测量位置。（　）

三、问答分析题

1. 一对孔和轴欲装配成间隙配合，加工后轴的实际（组成）要素满足尺寸公差要求，却无法进行装配，这是为什么？

2. 什么是形状公差？为什么要规定形状公差？

3. 形状公差带的方向和位置是如何规定的？

4. 什么是垂直度？

5. 平面度公差和直线度公差有何异同点？

项目四

测量表面粗糙度

项目描述

为了保证互换性和工作精度等要求，不仅要控制零件的尺寸误差和几何误差，还必须控制零件的表面粗糙度。表面粗糙度和形状误差同属于几何形状误差，前者属于微观几何形状误差，后者属于宏观几何形状误差。

机械零件的破坏总是从表层开始的，零件的表面质量是保证产品质量的基础，零件的表面质量直接影响零件的耐磨性、耐疲劳性、耐蚀性和零件的配合质量。

任务一 比较法测量表面粗糙度

学习目标

- 能正确表述表面粗糙度的概念；
- 能正确识读表面粗糙度的评定参数、符号和代号；
- 会用表面粗糙度比较样块检测零件的表面质量，并判断其是否合格；
- 会填写检测报告并能处理测量数据；
- 学会理论联系实际，在实际操作中掌握比较法测量表面粗糙度的基本知识和技能；
- 形成表面粗糙度比较样块的使用规范意识，养成爱护量具的良好习惯。

任务呈现

图4-1所示为某企业正在生产的零件，从图样中可以看出，该零件均有表面粗糙度要求，该零件的实物如图4-2所示。

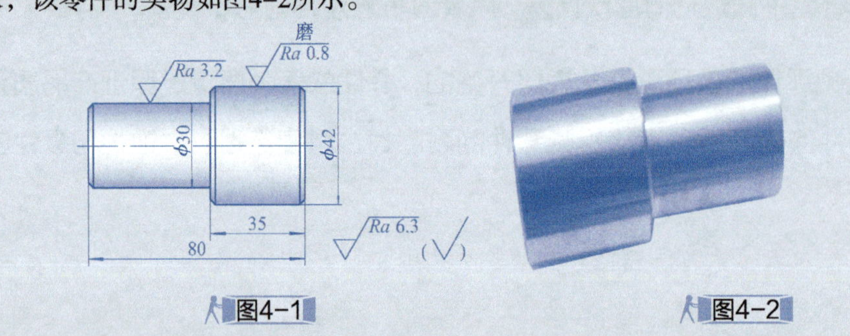

图4-1　　图4-2

想一想

1）你能正确识读图 4-1 中的表面粗糙度符号吗?

2）你能用表面粗糙度比较样块检测各表面的表面粗糙度值，并判断其表面粗糙度是否合格?

知识链接

一、表面粗糙度的概念

经过机械加工的零件表面，不可能是绝对平整和光滑的，实际上存在着一定程度宏观和微观几何形状误差，如图4-3所示。表面粗糙度是反映微观几何形状误差的一个指标，即微小的峰谷高低程度及其间距状况。

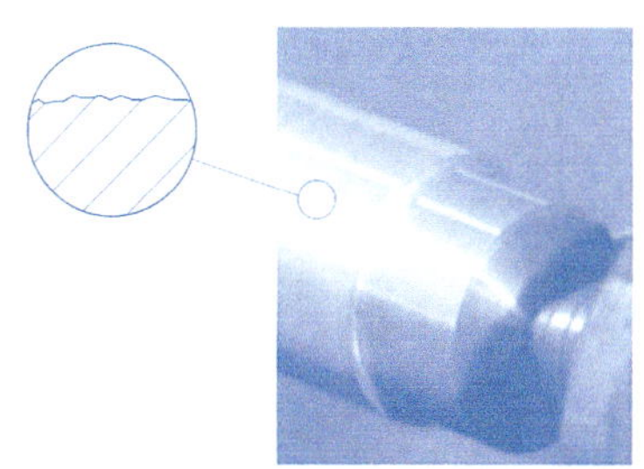

图4-3

试一试

请你用放大镜或金相显微镜，仔细观察金属零件的表面质量，试用画图的方式将它表达出来。

二、表面粗糙度的主要评定参数

1. 轮廓算术平均偏差 *Ra*

该参数是指在取样长度内，轮廓偏距绝对值的算术平均值，如图4-4所示。

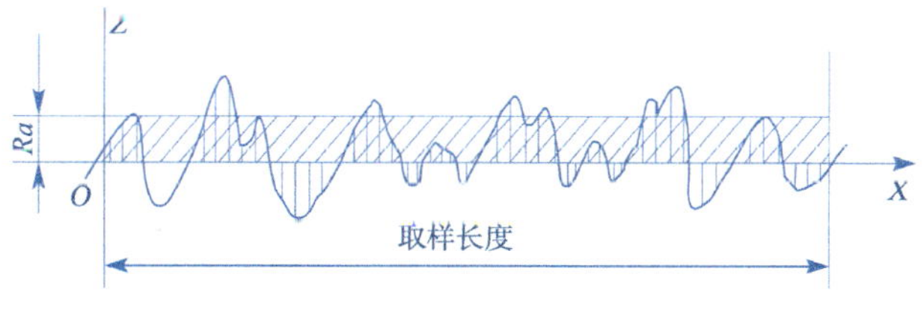

图4-4

2. 轮廓最大高度 Rz

该参数是指在取样长度内，5个最大的轮廓峰高的平均值与5个最大的轮廓谷深的平均值之和，如图4-5所示。由于测点少，不能充分、客观反映实际表面状况，但测量、计算方便，所以实际应用较多。

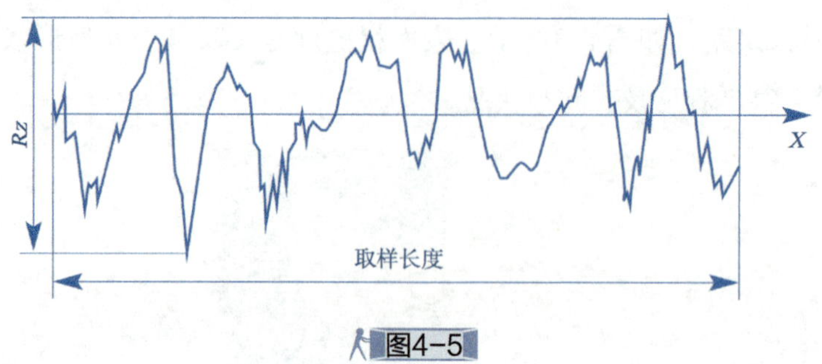

图4-5

三、表面粗糙度的符号及代号

1. 表面结构的符号（表 4-1）

表4-1　表面结构的符号

符号类型	图形符号	含义
基本图形符号		指对表面结构有要求的图形符号，仅用于简化代号标注，没有补充说明不能单独使用
扩展图形符号		指定表面是用去除材料的方法获得，如车、铣、钻、磨、电加工等
		指定表面是用不去除材料的方法获得，如铸、锻、冲压变形、热轧、粉末冶金等
完整图形符号		在上述三个符号的长边上均可加一横线，用于标注有关参数和说明
工件轮廓各表面的图形符号		在上述三个完整图形符号上均可加一小圆，表示所有表面具有相同的表面结构要求

2. 表面结构的代号

表面粗糙度数值及其有关规定在符号中的注写位置如图4-6所示。a为表面结构的单一要求；b为第二个表面结构要求；c为加工方法；d为表面纹理和方向；e为加工余量。

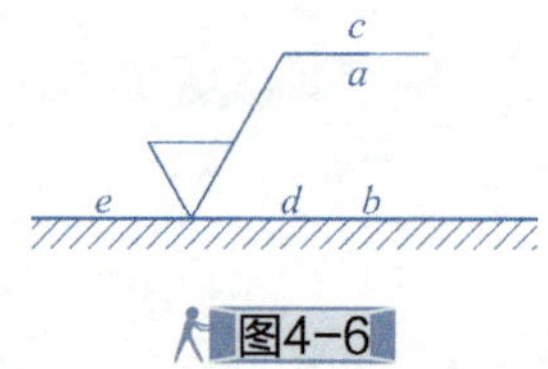

图4-6

试一试

学了表面粗糙度的符号及代号知识后，请在参考其他教材的基础上，解释图4-1所示台阶轴图样中表面粗糙度代号的含义。

表面结构代号$\sqrt{Ra\ 3.2}$标注在 ϕ30 mm 的圆柱面轮廓线上，用来表示对这个圆柱面表面结构的要求，其含义是：表面用去除材料的方法获得，其轮廓算术平均偏差 *Ra* 的单向上限值为 3.2 μm。

表面结构代号$\overset{磨}{\sqrt{Ra\ 0.8}}$标注在 ϕ42 mm 的圆柱面轮廓线上，用来表示对这个圆柱面表面结构的要求，其含义是：表面用磨削加工的方法获得，其轮廓算术平均偏差 *Ra* 的单向上限值为 0.8 μm。

表面结构代号$\sqrt{Ra\ 6.3}$（$\checkmark$）标注在图形的右下角。国家标准规定：当多个表面具有相同的表面结构要求时，可将表面结构代号统一标注在标题栏附近。该代号表示：图中未注表面结构代号的表面均用去除材料的方法获得，其轮廓算术平均偏差 *Ra* 的单向上限值为 6.3 μm。

四、表面粗糙度比较样块

表面粗糙度比较样块是用来检查表面粗糙度的一种工作量具。它是采用特定合金材料加工而成，具有不同的表面粗糙度值。图4-7所示为组合式表面粗糙度比较样块，它由研磨（0.1 μm、0.05 μm、0.025 μm）、外磨（0.1 μm、0.2 μm、0.4 μm、0.8 μm）、平磨（0.1 μm、0.2 μm、0.4 μm、0.8 μm）、车床（0.8 μm、1.6 μm、3.2 μm、6.3 μm）、刨床（0.8 μm、1.6 μm、3.2 μm、6.3 μm）、立铣（0.8 μm、1.6 μm、3.2 μm、6.3 μm）、平铣（0.8 μm、1.6 μm、3.2 μm、6.3 μm）7组样块组成。样块工作面的表面粗糙度用轮廓算术平均偏差*Ra*来评定。

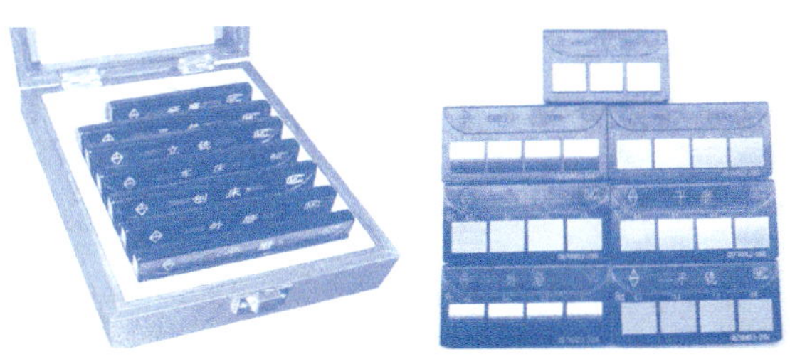

图4-7

由于该检验方法具有检测方便、成本低、对环境要求不高等优点，所以被广泛应用于生产现场检测零件的表面质量。但此方法不能测量出具体的参数误差，且要求操作者必须具有一定的实践经验。

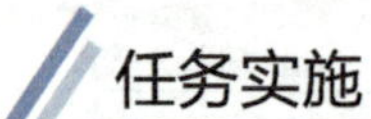

任务实施

一、任务准备

准备被测零件、表面粗糙度比较样块、笔、零件检测任务单（表4-2）等物品。

表4-2　零件检测任务单

<table>
<tr><td colspan="2">零件名称</td><td></td><td>编号</td><td></td><td colspan="2">姓名</td><td colspan="2"></td><td>日期</td></tr>
<tr><td colspan="2">被测零件图</td><td colspan="8">磨
Ra 0.8
Ra 3.2
φ30
φ42
35
80
Ra 6.3 (√)</td></tr>
<tr><td rowspan="2">序号</td><td rowspan="2">项目</td><td rowspan="2">图样要求</td><td rowspan="2">使用量具</td><td rowspan="2">规格</td><td colspan="4">测量数据</td><td rowspan="2">是否合格</td></tr>
<tr><td>1</td><td>2</td><td>3</td><td>4</td></tr>
<tr><td>1</td><td rowspan="5">表面粗糙度</td><td>φ30/Ra3.2</td><td></td><td></td><td></td><td></td><td></td><td></td><td></td></tr>
<tr><td>2</td><td>φ42/Ra0.8(磨)</td><td></td><td></td><td></td><td></td><td></td><td></td><td></td></tr>
<tr><td>3</td><td>φ42圆柱左面/Ra6.3</td><td></td><td></td><td></td><td></td><td></td><td></td><td></td></tr>
<tr><td>4</td><td>φ42圆柱右面/Ra6.3</td><td></td><td></td><td></td><td></td><td></td><td></td><td></td></tr>
<tr><td>5</td><td>φ30圆柱左面/Ra6.3</td><td></td><td></td><td></td><td></td><td></td><td></td><td></td></tr>
</table>

二、清洁

将被测工件表面擦拭干净，准备好表面粗糙度比较样块。

被测表面与表面粗糙度比较样块应具有相同的材质和相同的加工方法。应考虑温度、照明方式等环境因素的影响。

三、测量

1. 检测 ϕ42mm 圆柱面的表面粗糙度

图4–1中标注的ϕ42mm圆柱面的表面结构代号表示该表面需要用磨削加工获得。选取外磨表面粗糙度比较样块检测ϕ42mm圆柱面的表面粗糙度，如图4–8所示。

将比较样块、被检工件表面放在一起，用手指以适当的速度分别沿比较样块、被检工件表面划过，当表面微观不平的波距为0.1mm时，手指的移动速度为25mm/s。根据手的感觉判断被测表面与比较样块在峰谷高度和间距上的差别，从而判断被测表面粗糙度的大小。触觉法可用来评估Ra数值为1～10μm的工件。

2. 检测 ϕ30mm 圆柱面的表面粗糙度

ϕ30mm圆柱面的轮廓算术平均偏差上限值为3.2μm，ϕ30mm圆柱面用车削方法获得。选取车床表面粗糙度比较样块检测ϕ30mm圆柱面的表面粗糙度，如图4–9所示。

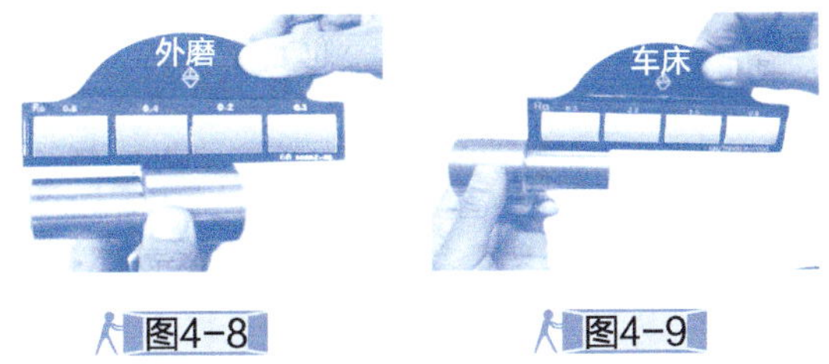

图4–8　　图4–9

将被检测的表面与样块工作面靠在一起，在相同的照明条件下，用肉眼反复观察，比较两个表面的加工痕迹、反光的强弱和色彩等，找出与被检测表面相当的样块，从而获得被检测表面的表面粗糙度。必要时，可借助放大镜或低倍率显微镜观察比较。视觉法可用来评估Ra数值为3.2～60μm的工件。

3. 检测 ϕ42mm 圆柱左（右）面、ϕ30mm 圆柱左端面的表面粗糙度

ϕ42mm圆柱左（右）面、ϕ30mm圆柱左端面的轮廓算术平均偏差上限值为6.3μm，虽然它们用车削加工获得，但是这些表面的纹理与立铣的纹理相似，因此选取立铣表面粗糙度比较样块检测ϕ42mm圆柱左（右）面、ϕ30mm圆柱左端面的表面粗糙度，如图4–10所示。具体方法也是用视觉法。

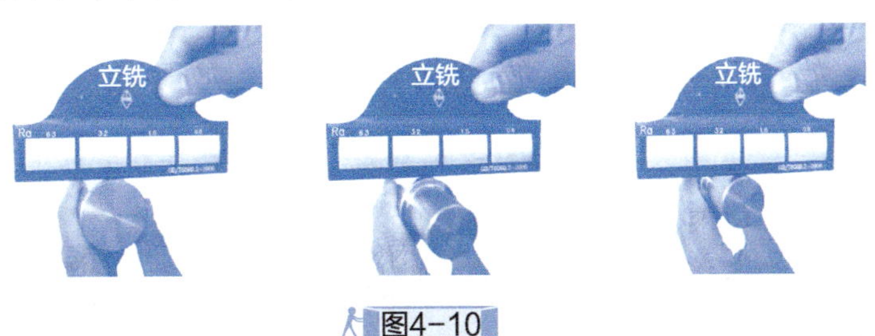

图4–10

四、填写

将检测任务单填写完整。

五、整理

表面粗糙度比较样块用完后要涂防锈油，以防锈蚀，如图4–11所示。整理后按要求放回盒内。

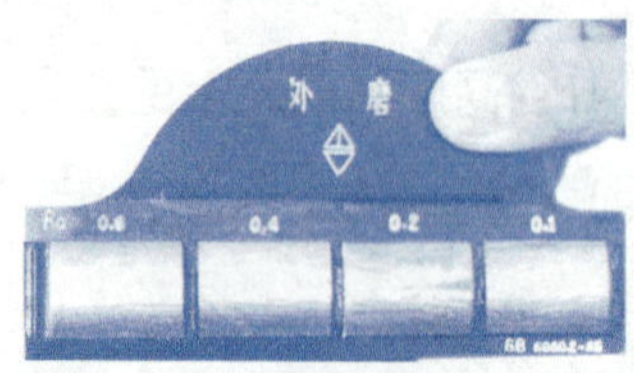

图4–11

任务评价

根据任务实施过程，将完成任务情况记入表4–3中，完成任务评价。

表4–3　表面粗糙度检测任务评价

<table>
<tr><td>零件名称</td><td></td><td>编号</td><td></td><td>姓名</td><td></td><td>日期</td><td></td></tr>
<tr><td rowspan="7">测量结果
的正确性</td><td rowspan="2">序号</td><td colspan="3">测量结果正确性</td><td rowspan="2">量具选择
正确性</td><td rowspan="2">数据处理
正确性</td><td rowspan="2">合格判断的
正确性</td></tr>
<tr><td>测量尺寸</td><td>实测平均值</td><td>参考值</td></tr>
<tr><td>1</td><td>$\phi30/Ra3.2$</td><td></td><td></td><td></td><td></td><td></td></tr>
<tr><td>2</td><td>$\phi42/Ra0.8$（磨）</td><td></td><td></td><td></td><td></td><td></td></tr>
<tr><td>3</td><td>$\phi42$圆柱左面/$Ra6.3$</td><td></td><td></td><td></td><td></td><td></td></tr>
<tr><td>4</td><td>$\phi42$圆柱右面/$Ra6.3$</td><td></td><td></td><td></td><td></td><td></td></tr>
<tr><td>5</td><td>$\phi30$圆柱左面/$Ra6.3$</td><td></td><td></td><td></td><td></td><td></td></tr>
<tr><td>测量方法、
手势的正确性</td><td colspan="3"></td><td>量具维护
保养</td><td colspan="3"></td></tr>
<tr><td>教师评语</td><td colspan="7"></td></tr>
</table>

任务拓展

一、表面粗糙度的理论与标准发展

为研究表面粗糙度对零件性能的影响和度量表面微观不平度的需要，从20世纪20年代末到30年代，德国、美国和英国等国的一些专家设计制作了轮廓记录仪、轮廓仪，同时也产生了光切式显微镜和干涉显微镜等用光学方法来测量表面微观不平度的仪器，给从数值上定量评定表面粗糙度创造了条件。

20世纪30年代起，已对表面粗糙度定量评定参数进行了研究，如美国的Abbott就提出了用距表面轮廓峰顶的深度和支承长度率曲线来表征表面粗糙度。1936年出版了schmaltz论述表面粗糙度的专著，对表面粗糙度的评定参数和数值的标准化提出了建议。但表面粗糙度评定参数及其数值的使用，真正成为一个被广泛接受的标准还是从20世纪40年代各国相应的国家标准发布以后开始的。

首先是美国在1940年发布了ASA B46.1国家标准，之后又经过几次修订，成为现行标准ANSI/ASME B46.1—1988《表面结构表面粗糙度、表面波纹度和加工纹理》，该标准采用中线制，并将*Ra*作为主参数；接着前苏联在1945年发布了ГОСТ 2789—1945《表面光洁度、表面微观几何形状、分级和表示法》国家标准，而后经过3次修订成为ГОСТ 2789—1973《表面粗糙度参数和特征》，该标准也采用中线制，并规定了包括轮廓均方根偏差即现在的*Rq*在内的6个评定参数及其相应的参数值。另外，其他工业发达国家的标准大多是在20世纪50年代制定的，如联邦德国在1952年2月发布了DIN4760和DIN4762有关表面粗糙度的评定参数和术语等方面的标准等。

以上各国的国家标准中都采用了中线制作为表面粗糙度参数的计算制，具体参数千差万别，但其定义的主要参数依然是*Ra*（或*Rq*），这也是国际间交流使用最广泛的一个参数。

二、表面粗糙度对使用性能的影响

表面粗糙度对零件的使用性能的影响主要表现在以下几个方面：

1）表面粗糙度影响零件的耐磨性。表面越粗糙，配合表面间的有效接触面积越小，压强越大，磨损就越快。

2）表面粗糙度影响配合性质的稳定性。对间隙配合来说，表面越粗糙，就越易磨损，使工作过程中间隙逐渐增大；对过盈配合来说，由于装配时将微观凸峰挤平，减小了实际有效过盈，降低了连接强度。

3）表面粗糙度影响零件的疲劳强度。粗糙零件的表面存在较大的波谷，它们像尖角缺口和裂纹一样，对应力集中很敏感，从而影响零件的疲劳强度。

4）表面粗糙度影响零件的耐蚀性。粗糙的表面，易使腐蚀性气体或液体通过表面的微观凹谷渗入到金属内层，造成表面腐蚀。

5）表面粗糙度影响零件的密封性。粗糙的表面之间无法严密地贴合，气体或液体通过接触面间的缝隙渗漏。

6）表面粗糙度影响零件的接触刚度。接触刚度是零件结合面在外力作用下，抵抗接触变形的能力。机器的刚度在很大程度上取决于各零件之间的接触刚度。

7）表面粗糙度影响零件的测量精度。零件被测表面和测量工具测量面的表面粗糙度都会直接影响测量的精度，尤其是在精密测量时。

此外，表面粗糙度对零件的镀涂层、导热性和接触电阻、反射能力和辐射性能、液体和气体流动的阻力、导体表面电流的流通等都会有不同程度的影响。

任务二　用专用仪器测量表面粗糙度

学习目标

- 能正确表述用针描法测量表面粗糙度的原理和方法；
- 会用2205型表面粗糙度测量仪检测工件表面粗糙度，并判断其是否合格；
- 会填写检测报告并能处理测量数据；
- 学会理论联系实际，在实际操作中掌握2205型表面粗糙度测量仪测量的基本知识和技能；
- 形成2205型表面粗糙度测量仪的使用规范意识，养成爱护量仪的良好习惯。

任务呈现

已经加工的零件如图4-12所示，需要检测该零件的表面粗糙度，并判断该零件两处的表面粗糙度是否符合技术要求？

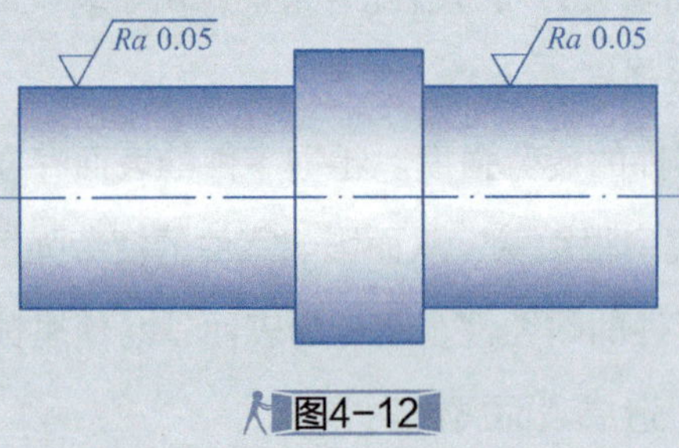

图4-12

想一想

你会用专用测量表面粗糙度的仪器检测该零件两处的表面粗糙度吗？

知识链接

一、检测设备

2205型表面粗糙度测量仪如图4-13所示。

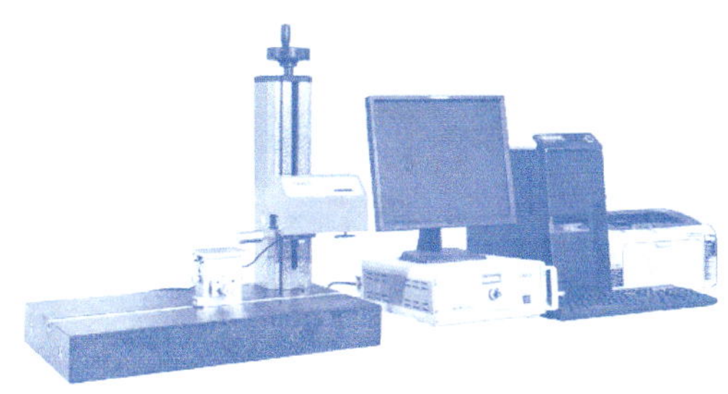

图4-13

二、设备介绍

1. 结构和性能

2205型表面粗糙度测量仪由传感器、驱动箱、电箱、支臂、底座、计算机及打印机等组成，能测量26个表面粗糙度参数，测量范围为0.001～50 μm，示数误差是*Ra*、*Rz* <5%。

试一试

请对照 2205 型表面粗糙度测量仪分别说出每部分的名称和作用。

2205 型表面粗糙度测量仪可对多种零件表面的表面粗糙度进行测量，包括平面、斜面、外圆柱面、内孔表面、深槽表面、轴承滚道等，实现了表面粗糙度的多功能精密测量。其特点是：测量迅速方便，测值精确度高，自动化程度高。

想一想

2205 型表面粗糙度测量仪与其他专用仪器在测量范围和特点上有什么不同之处？

2. 测量原理

测量工件表面粗糙度时，搭在工件表面的传感器探出的极其尖锐的棱锥形金刚石测针沿被测表面滑行，由于被测表面的轮廓峰谷起伏，引起测针的上下位移，从而使线圈的电感量发生变化，经过放大及电平转换后进入数据采集系统，计算机自动地将采集的数据进行数字滤波和计算，并将测量结果及图形在显示器上显示或打印输出。图4-14所示为2205型表面粗糙度测量仪的工作原理图。

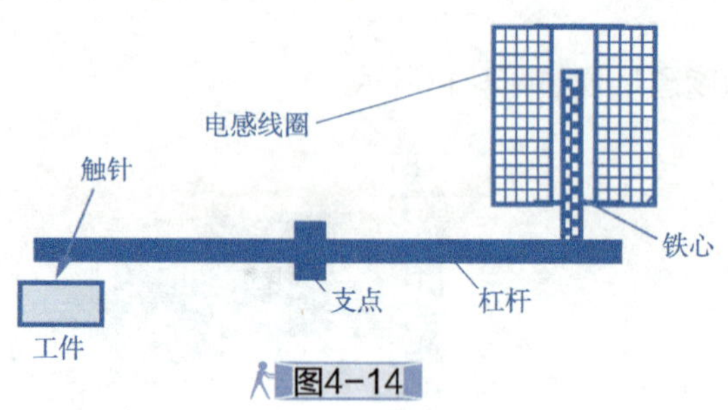

图4-14

任务实施

一、任务准备

准备被测零件、2205型表面粗糙度测量仪、笔、零件检测任务单（表4-4）等物品。

表4-4　零件检测任务单

<table>
<tr><td colspan="2">零件名称</td><td></td><td>编号</td><td></td><td colspan="2">姓名</td><td colspan="2"></td><td>日期</td></tr>
<tr><td colspan="2">被测零件图</td><td colspan="8">Ra 0.05　Ra 0.05</td></tr>
<tr><td rowspan="2">序号</td><td rowspan="2">项目</td><td rowspan="2">图样要求</td><td rowspan="2">使用量具</td><td rowspan="2">规格</td><td colspan="4">测量数据</td><td rowspan="2">是否合格</td></tr>
<tr><td>1</td><td>2</td><td>3</td><td>4</td></tr>
<tr><td>1</td><td rowspan="2">表面粗糙度</td><td>Ra0.05（左）</td><td></td><td></td><td></td><td></td><td></td><td></td><td></td></tr>
<tr><td>2</td><td>Ra0.05（右）</td><td></td><td></td><td></td><td></td><td></td><td></td><td></td></tr>
</table>

二、清洁

清洁工件，清洁2205型表面粗糙度测量仪测量触针。

三、测量

1）选用与被测表面相适合的传感器并可靠地安装在驱动箱上；检查接线是否正确，然后接通电源，顺序是电箱、计算机。

通电时绝对禁止拔插电缆！

2）双击名为2205的图标，运行表面粗糙度测量软件，进入“粗糙度测量系统主屏幕”窗口，如图4-15所示，分别输入“编号”“工件名”“操作员”等基本属性。

3）将被测工件轻放在工作台上的定位块上，仔细调整升降手轮，使传感器上的测针与被测表面接触，直到使电箱前面板中部的测针位移指示器指示处于两个红带之间（最好在中间的黄灯附近）。

4）将传感器向上抬离被测工件，同时将驱动箱上的起动手柄向左扳到“返回”位置，然后把起动手柄向右扳到“起动”位置。

5）单击“测量”按钮，显示“测量主程序”窗口，如图4-16所示，单击“启动测量”按钮，系统开始测量：屏幕上端的窗口显示被测对象的表面轮廓，并自动计算所有的表面粗糙度参数，显示在“参数”显示栏中。

6）单击“打印”按钮，显示“2205表面粗糙度仪打印程序”窗口，如图4-17所示，选择打印主题及打印参数后，系统则打印轮廓图及所选参数。关闭“测量主程序”窗口。

7）若继续测量，则重复步骤3～5。

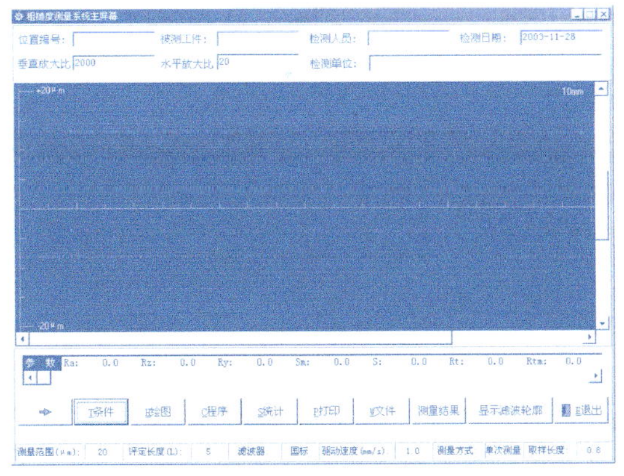

图4-15

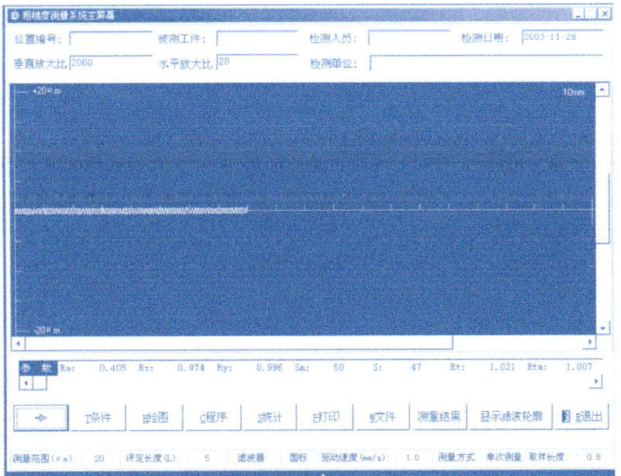

图4-16

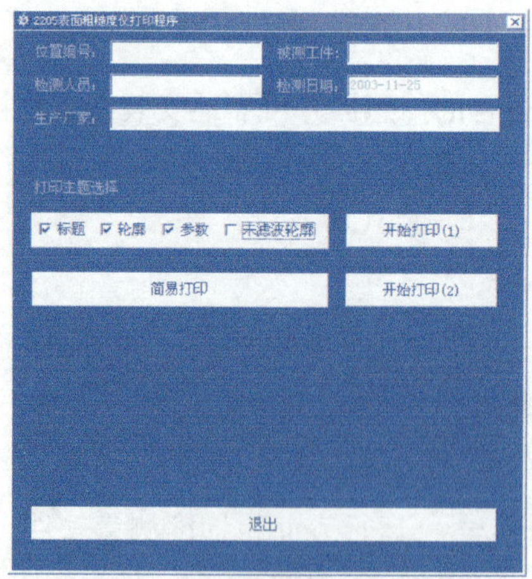

图4-17

四、填写

将检测任务单填写完整。

五、整理

测量结束后，首先将起动手柄向左扳到“返回”位置，然后关闭电源，顺序是计算机、电箱。

任务评价

根据任务实施过程，将完成任务情况记入表4-5中，完成任务评价。

表1-5　零件检测任务评价

零件名称		编号		姓名		日期	
测量结果的正确性	序号	测量结果正确性			量具选择正确性	数据处理正确性	合格判断的正确性
		测量尺寸	实测平均值	参考值			
	1	取样长度 / mm			评定长度 / mm		
		*Ra*0.05（左）					
	2	取样长度 / mm			评定长度 / mm		
		*Ra*0.05(右)					
测量方法、手势的正确性				量具维护保养			
教师评语							

任务拓展

表面粗糙度的仪器检验方法

由于比较法是一种估值测量，其检验结果的可靠性和准确性很大程度上取决于检验人员的经验。因此，当需要获得精确表面粗糙度误差值时，应采用合适的仪器进行测量，常见的方法如下。

1. 干涉法

利用光波干涉原理（见平晶、激光测长技术）将被测表面的形状误差以干涉条纹图形显示出来，并利用放大倍数高（可达500倍）的显微镜，如图4-18所示，将这些干涉条纹的微观部分放大后进行测量，以得出被测表面的表面粗糙度。应用此法的表面粗糙度测量工具称为干涉显微镜。这种方法适用于测量Rz为 0.025 ~ 0.8 μm的表面粗糙度。

2. 光切法

光线通过狭缝后形成的光带投射到被测表面上，以它与被测表面的交线所形成的轮廓曲线来测量表面粗糙度。由光源射出的光经聚光镜、狭缝、物镜1后，以45° 的倾斜角将狭缝投射到被测表面，形成被测表面的截面轮廓图形，然后通过物镜 2将此图形放大后投射到分划板上。利用测微目镜和读数鼓轮先读出h值，计算后得到H值。应用此法的表面粗糙度测量工具称为光切显微镜，如图4-19所示。它适用于测量Rz为0.8 ~ 100 μm的表面粗糙度，需要人工取点，测量效率低。

图4-18

图4-19

3. 触针法

利用针尖曲率半径为 2 μm左右的金刚石触针沿被测表面缓慢滑行，金刚石触针的上下位移量由电学式长度传感器转换为电信号，经放大、滤波、计算后由显示仪表指示出表面粗糙度数值，也可用记录器记录被测截面轮廓曲线。一般将仅能显示表面粗糙度数值的测量工具称为表面粗糙度测量仪，同时能记录表面轮廓曲线的称为表面粗糙度轮廓仪，如图4-20所示。这两种测量工具都有电子计算电路或电子计算机，它能自动计算出轮廓算术平均偏差*Ra*、轮廓最大高度*Rz*和其他多种评定参数，测量效率高，适用于测量*Ra*为0.025 ~ 6.3 μm的表面粗糙度。

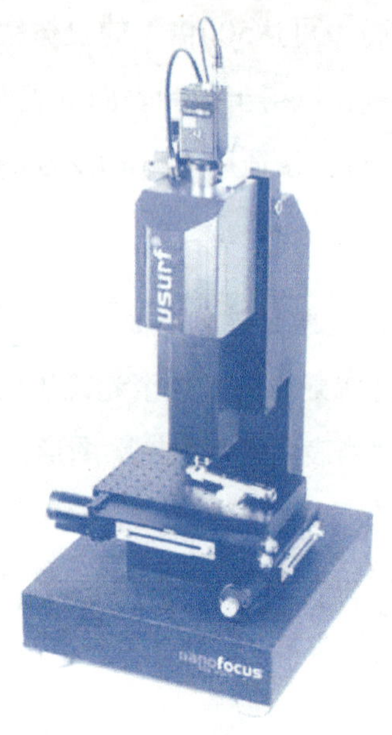

图4-20

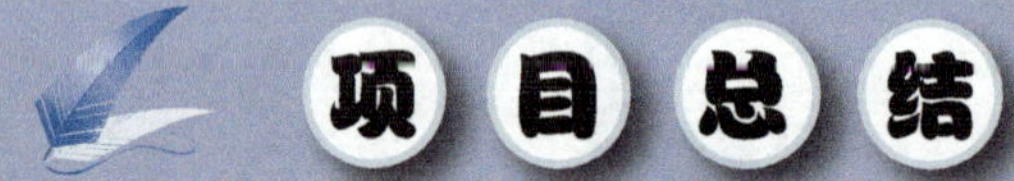

本项目学习了表面粗糙度的基本概念、表面粗糙度的符号和代号、表面粗糙度的主要评定参数，要求能够通过样块比较法判断表面粗糙度的数值，初步学会使用2205型表面粗糙度测量仪。

项目评测

一、填空题

1. 国家标准规定，表面粗糙度的评定参数包括______和______，表面粗糙度参数优先选用______。

2. ______参数能充分反映表面微观几何形状高度方面的特征。

3. 表面粗糙度图形符号由______及______或______组成。

4. 一般表面微观不平的凹痕越______，交变应力作用下的应力集中就越______，越易造成零件抗疲劳强度的降低而导致失效。

5. 表面粗糙度的注写和读取方向与尺寸的注写和读取方向______。

6. 表面粗糙度可标注在轮廓上，其符号应从材料外______接触表面。

7. 运动速度______、单位面积压力______的表面以及受交变应力作用的重要零件圆角、槽的表面粗糙度值都应______。

8. 检测螺纹的表面粗糙度时，所用的样块和被检工件的加工方法应该______，同时样块的材料、形状、表面色泽等也应尽可能与被检工件______。

9. 表面粗糙度总的选择原则：在满足______要求的前提下，参数的允许值应尽可能______，以降低加工成本。

10. 表面粗糙度参数值的选用应遵循既要满足零件______也要考虑到______的原则，一般采用______来确定。

11. 摩擦表面的表面粗糙度值应比非摩擦表面______，滚动摩擦表面的表面粗糙度值应比滑动摩擦表面______。

12. 干涉法是用______原理，以光波波长为基准来测量。

13. 目前常用的表面粗糙度检测仪有______、______、______、______等。

二、判断题

1. 表面粗糙度参数值的选择首先应考虑加工的可能性和经济性，进而满足零件表面功能要求。（　）

2. 在满足表面功能要求的情况下，尽量选用较小的表面粗糙度值。（　）

3. 同一零件上，工作表面的表面粗糙度值应比非工作表面小。（ ）

4. 从间隙配合的稳定性或过盈配合的连接强度考虑，表面粗糙度值越小越好。（ ）

5. 一般来说，尺寸公差和形状公差小的表面，其表面粗糙度值应大些。（ ）

6. 用光切显微镜测量表面粗糙度时，可以从目镜观察表面粗糙度轮廓图像，用测微装置测定高度参数Rz值。（ ）

7. 干涉法用于精密加工的表面粗糙度测量，适合在计量室使用。（ ）

8. 干涉显微镜是利用光波干涉原理，以光波波长为基准来测量表面粗糙度的，测量范围是Rz0.032～0.8 μm。（ ）

9. 判断零件表面粗糙度是否合格的准则是根据工件加工痕迹的深浅来决定表面粗糙度是否符合要求。（ ）

10. 为了减小相对运动时的摩擦与磨损，表面粗糙度的值越小越好。（ ）

11. 表面粗糙度会影响零件的配合性质。（ ）

12. 降低表面粗糙度值，可提高零件的密封性。（ ）

13. 加工余量可以是加注在完整符号上的唯一要求，也可以同表面粗糙度要求一起标注。（ ）

三、问答分析题

1. 零件的表面粗糙度不同是什么原因导致的？

2. 表面粗糙度的评定参数包括哪些内容？

3. 针描法测量工件表面粗糙度有何特点？

4. 车间里常用什么方法测量工件的表面粗糙度？

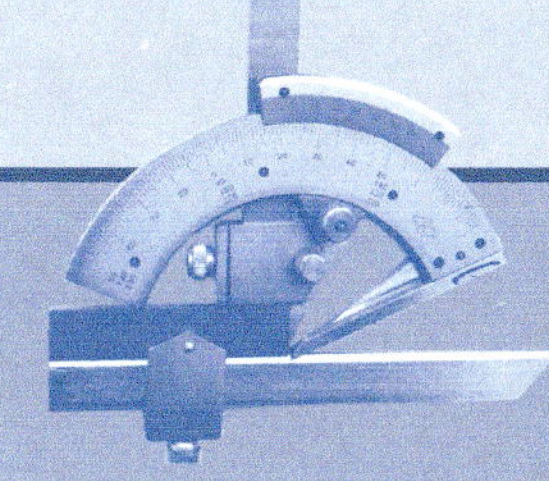

项目五

测量角度、锥度

项目描述

角度和圆锥广泛应用于各种机床与工具中，在加工带有角度和锥度的零件时，正确测量和检验是保证产品质量的必要手段。测量角度和锥度的方法常用的有比较测量法、直接测量法和间接测量法三种。

任务一 测量角度

学习目标

- 知道常用测量角度的工具及检测方法；
- 能根据图样中的角度要求选择测量工具；
- 会用角度测量工具检测角度并会判断其合格性；
- 学会角度测量工具的维护保养；
- 会填写检测报告单并能处理测量数据；
- 学会理论联系实际，在实际操作中掌握测量锥度的基本知识和技能；
- 形成游标万能角度尺、角度样板的使用规范意识，养成爱护量具的良好习惯。

任务呈现

图5-1所示为变角板凹形件，图5-1a所示为实物图，图5-1b所示为零件图。用直角尺和游标万能角度尺测量该变角板工件的角度并判断其合格性。

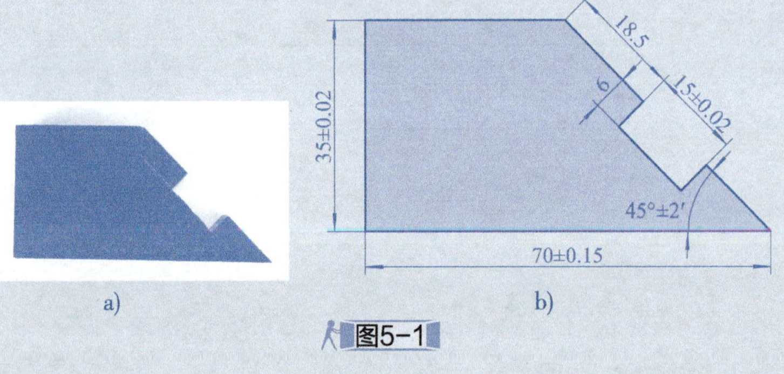

图5-1

想一想

如何用直角尺和游标万能角度尺测量角度？测量动作、姿势如何？

知识链接

图5-1所示为变角板凹形件，除了尺寸要求外还有角度要求。角度是图样上重要的非线性尺寸，主要影响变角板凹凸件的配合精度。

一、直角尺

直角尺是机械行业中用于检验直角、垂直度和平行度误差的重要测量工具。如机床、机械设备及零部件的垂直度、平行度检验，划线等。 直角尺按形式不同可分为圆柱角尺、宽座角尺和刀口角尺，如图5-2所示。

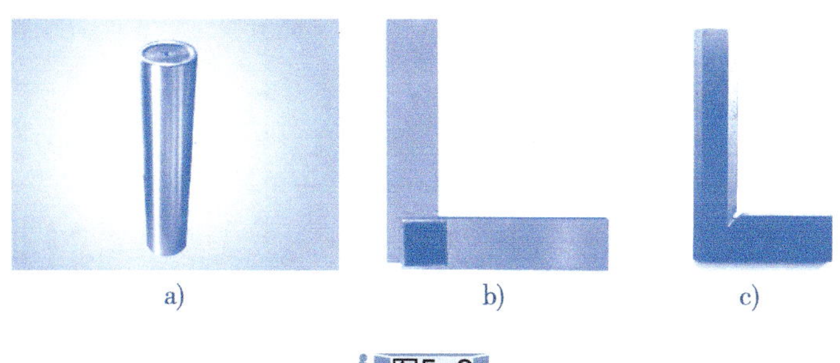

a)　　b)　　c)

图5-2

合理的使用和正确的保养能提高直角尺的检验精度并延长其使用寿命。

想一想

如何正确使用和保养直角尺?

二、游标万能角度尺

游标万能角度尺是一种结构简单的通用角度量具。在机械加工中常用来测量零件角度或进行划线。游标万能角度尺测量角度是一种直接测量法，读数原理与游标卡尺类似。 其结构如图5-3所示，由主尺、直角尺、游标尺、基尺 、制动头等组成。利用直角尺 、基尺、直尺的不同组合，可用于测量0° ~ 320° 内的任何角度，见表5-1。游标万能角度尺的测量精度为2′。

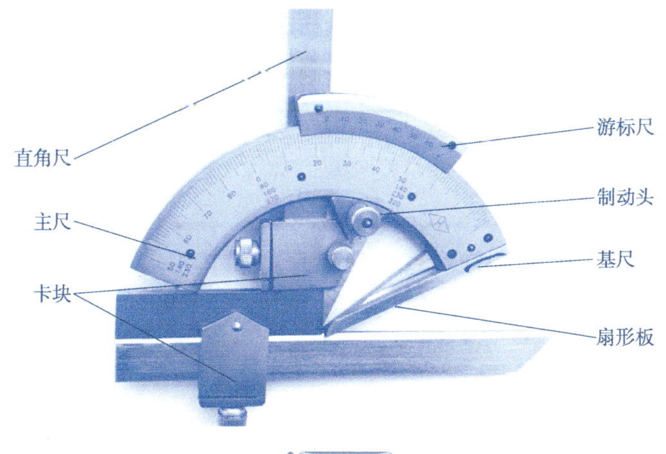

图5-3

表5-1 游标万能角度尺的组合测量范围

测量范围	游标万能角度尺的组合形状	游标万能角度尺示意图
0° ~50°		0 10 20 30 40 50 由0° 到50°
50° ~ 140°		到140° 由50°
140° ~ 230°		到230° 由140°
230° ~ 320°		到320° 由230°

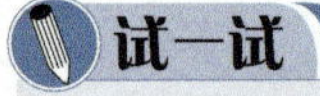

试一试

用一把游标万能角度尺的不同部件进行组装，形成不同的角度测量范围。

任务实施

一、任务准备

准备被测零件、直角尺、游标万能角度尺、擦拭用的干净棉布、笔、零件检测任务单（表5-2）等物品。

表5-2　零件检测任务单

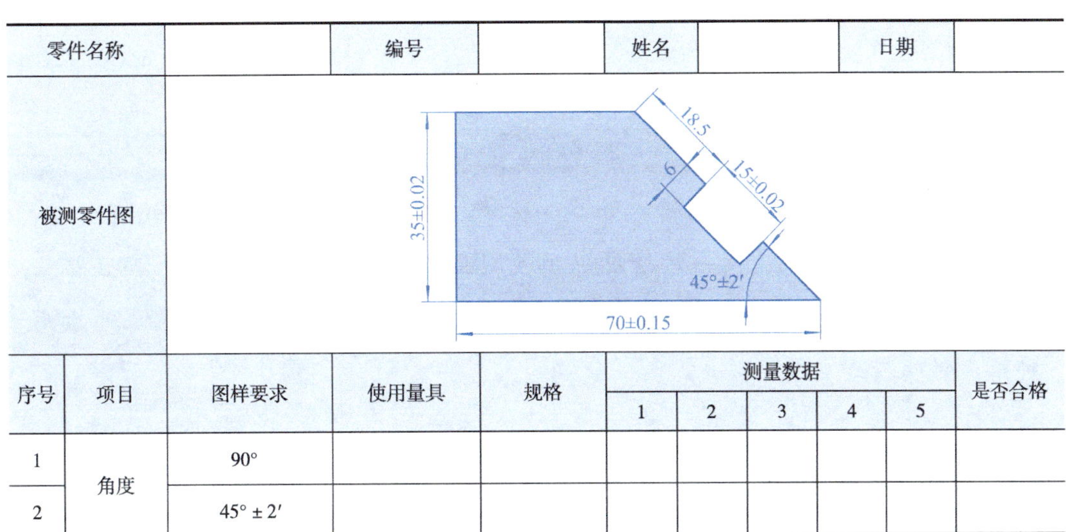

零件名称			编号		姓名				日期	
被测零件图										
序号	项目	图样要求	使用量具	规格	测量数据					是否合格
					1	2	3	4	5	
1	角度	90°								
2		45° ± 2′								

二、清洁

1）清洁直角尺。应检查工作面和边缘是否有碰伤、毛刺等明显缺陷，用棉布擦净直角尺的工作面和被测工件的表面，如图5-4所示。

2）清洁游标万能角度尺。将游标万能角度尺用棉布擦拭干净，再检查各部件的相互作用是否平稳可靠，制动后的读数是否不动，然后对零位，如图5-5所示。

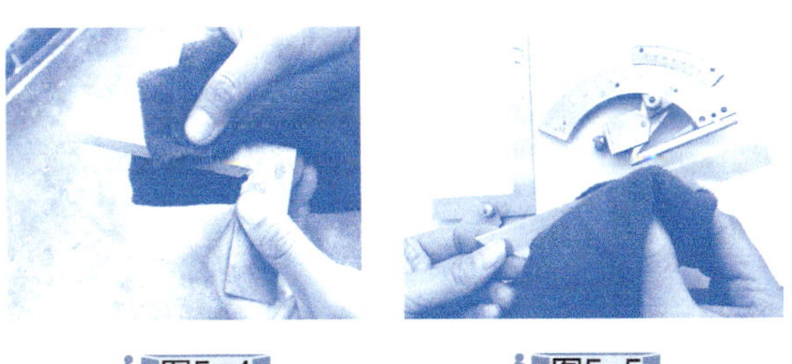

图5-4　　图5-5

三、测量

1. 用直角尺测量工件垂直度

测量时，先将直角尺的短边放在辅助基准表面上，再将直角尺的长边轻轻地靠拢被测工件表面，不要碰撞，如图5-6所示。用直角尺测量角度，主要根据直角尺工作面和被测工件之间的光隙大小和出现间隙的部位进行判断。

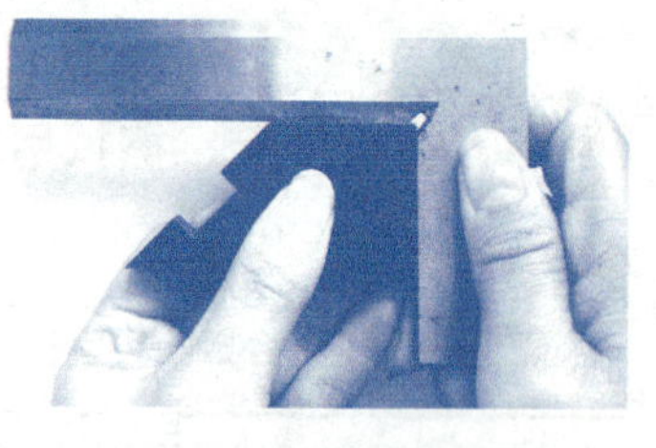

图5-6

分析

在观察时，一般有五种情况出现：无光、中间部位有少光、两端有少光、上端有光和下端有光。第一种情况说明被测面不仅平面度符合要求，而且与基准面垂直。第二、三种情况说明垂直度符合要求，但平面度达不到要求，后两种情况说明有垂直度误差。

2. 用游标万能角度尺测量工件的角度 45°±2′

1）根据被测零件角度的大小，选择表5-2中恰当的组合方式并调整好游标万能角度尺，如图5-7所示。

2）测量时松开游标万能角度尺的制动头，移动主尺作粗调整，再转动游标背面的微动装置，作精细调整，直到使角度尺的两测量面与被测角度的两边贴紧。目测无间隙，然后拧紧锁紧装置，即可进行读数，如图5-8所示。

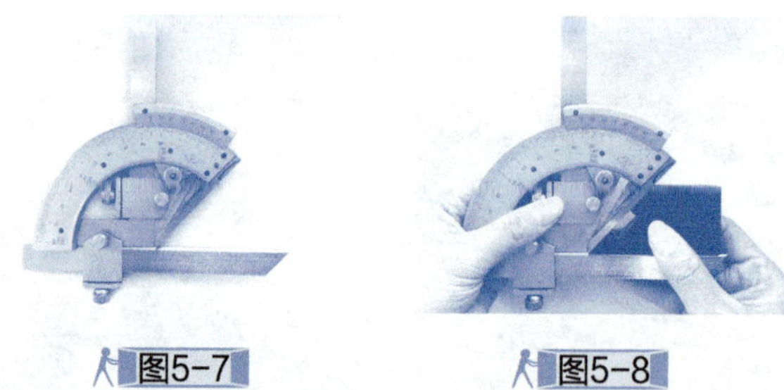

图5-7　　图5-8

测量时，游标万能角度尺不能受到碰撞，注意保护各测量面并防止变形。

想一想

该零件 90° 和 45° 两个角度都用游标万能角度尺测量，可以吗？

四、填写

将检测任务单填写完整。

五、整理

1）整理直角尺。使用完毕后，应将直角尺擦洗干净，涂油保养，如图5-9所示。将直角尺放入专用盒内，如图5-10所示。

2）整理游标万能角度尺。测量完毕后，用干净棉布仔细擦净，涂上防锈油，然后放回专用盒内存放，如图5-11所示。

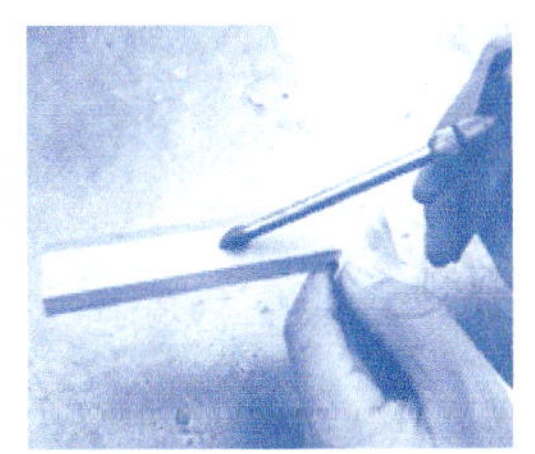

图5-9

图5-10

图5-11

试一试

你会用游标万能角度尺测量工件的垂直度吗？赶紧动手试一试吧！

任务评价

根据任务实施情况，将完成任务情况记入表5-3中，完成任务评价。

表5-3　角度检测任务评价

<table>
<tr><td>零件名称</td><td></td><td>编号</td><td></td><td>姓名</td><td></td><td>日期</td><td></td></tr>
<tr><td rowspan="4">测量结果的正确性</td><td rowspan="2">序号</td><td colspan="3">测量结果正确性</td><td rowspan="2">量具选择正确性</td><td rowspan="2">数据处理正确性</td><td rowspan="2">合格判断的正确性</td></tr>
<tr><td>测量尺寸</td><td>实测平均值</td><td>参考值</td></tr>
<tr><td>1</td><td>90°</td><td></td><td></td><td></td><td></td><td></td></tr>
<tr><td>2</td><td>45° ± 2′</td><td></td><td></td><td></td><td></td><td></td></tr>
<tr><td>测量方法、手势的正确性</td><td colspan="3"></td><td>量具维护保养</td><td colspan="3"></td></tr>
<tr><td>教师评语</td><td colspan="7"></td></tr>
</table>

任务拓展

角度样板如图5-12所示，在螺纹车刀刃磨后测量角度是否正确或在车床上安装螺纹车刀时使用。

1. 用角度样板检测普通螺纹车刀

刃磨时，用角度样板检测普通螺纹车刀角度，如图5-13所示。

刃磨螺纹车刀时，螺纹车刀的刀尖角直接影响着螺纹的牙型角。为保证磨出准确的刀尖角，可用角度样板测量。测量时样板底面应与车刀轴线垂直，通过透光法检查，仔细观察两边贴合的间隙，并进行修磨。

2. 用角度样板安装普通螺纹车刀

车床上安装螺纹车刀，如图5-14所示。

图5-12

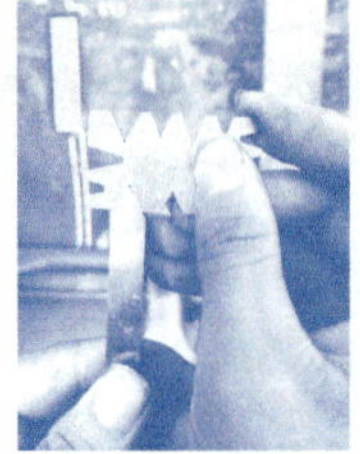

图5-13

图5-14

必须保证车刀刀尖角的对称中心线与工件轴线垂直。如果螺纹车刀装歪，车削时会产生牙型歪斜。

试一试

在车刀刃磨和装刀时，采用角度样板检验刀具角度刃磨是否合理和刀具安装位置是否正确。

任务二　测量锥度

学习目标

- 知道圆锥的基本参数代号及定义；
- 知道锥度量规和正弦规测量锥度的方法；
- 会用锥度量规和正弦规测量锥度；
- 会对测量结果进行评价和分析；
- 学会锥度量规和正弦规的维护保养；
- 学会理论联系实际，在实际操作中掌握测量角度的基本知识和技能；
- 形成锥度量规、正弦规的使用规范意识，养成爱护量具的良好习惯。

任务呈现

图5-15所示为7∶24外锥度轴。检测该轴的外锥度误差，并判断合格性。

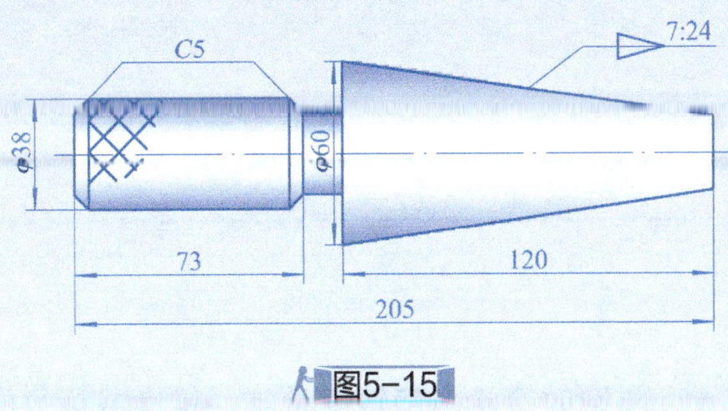

图5-15

想一想

该外锥需要用什么量具，该怎样测量呢？

知识链接

零件带锥度，大多是为了便于拆卸和定位，机械加工过程中，零件的锥度要求和内外圆锥的配合要求是零件的加工重点。为了使加工出的圆锥工件合格，保证其使用要求，就必须在加工过程中对工件的锥度进行测量。

一、圆锥的基本参数

圆锥的基本参数代号及定义见表5-4。

表5-4　圆锥的基本参数代号及定义

图　示		
基本参数	代号	定义
圆锥角	α	在通过圆锥轴线的截面内，两条素线之间的夹角
圆锥半角	$\alpha/2$	圆锥素线与其轴线间的夹角，等于圆锥角的一半
锥度	C	圆锥的最大圆锥直径与最小圆锥直径之差与圆锥长度之比，即 $C=(D-d)/L=2\tan\frac{\alpha}{2}$ 锥度用比例或分数形式表示
大端直径	D	圆锥大端的直径
小端直径	d	圆锥小端的直径
圆锥长度	L	最大圆锥直径与最小圆锥直径之间的轴向距离

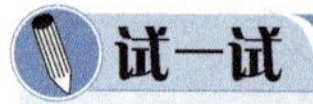

试计算锥度 7:24 的圆锥角 α。

二、锥度量规

大批量生产条件下，圆锥的检验多用锥度量规。锥度量规只能用于检验精加工表面,有锥度塞规和锥度套规两种。 检验内锥体用锥度塞规，检验外锥体用锥度套规。图5-16a所示为锥度塞规，图5-16b所示为锥度套规。

圆锥结合时，一般对锥度要求比对直径要求严，所以用锥度量规检验工件时，会用涂色法检验工件的锥度。用涂色法检验锥度时，要求工件锥体表面接触靠近大端，高精度工件接触长度不低于工作长度的85%；精密工件不低于工作长度的80%；普通工件不低于工作长度的75%。

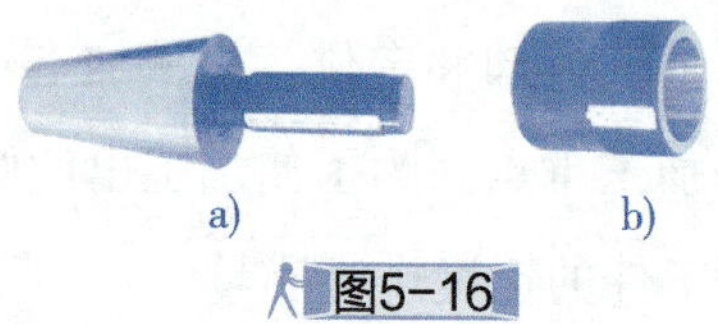

a)　　b)

图5-16

三、正弦规

正弦规是利用三角函数正弦原理来间接测量工件的角度和圆锥体锥度的一种精密量具。测量时，它需要和精密测量平台、量块、百分表（或千分表）等量具配合使用。

正弦规有窄型和宽型两种结构形式，按两圆柱中心距L的不同分为100 mm和200 mm两种规格。宽型正弦规主要由带有精密工作平面的主体和两个精密圆柱组成,四周可以装有挡板（使用时只装互相垂直的两块），测量时作为放置零件的定位板，如图5-17所示。

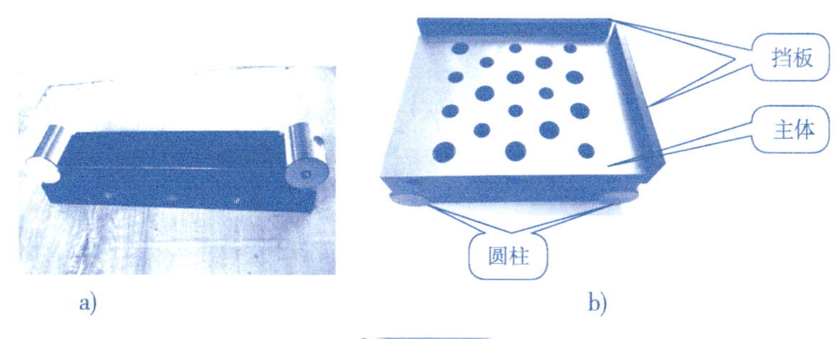

图5-17

正弦规测量角度的误差将随被测角度增大而增大，当角度在45°以上时，测量误差急剧增大。因此正弦规一般用于测量小于45°的角度，在测量小于30°的角度时，精确度可达3″～5″ 。

任务实施

任务实施方法一　用锥度量规检测锥度

一、任务准备

准备被测零件、锥度套规、显示剂、笔、零件检测任务单（表5-5）等物品。

表5-5　零件检测任务单

<table>
<tr><td colspan="2">零件名称</td><td></td><td>编号</td><td></td><td>姓名</td><td colspan="2"></td><td>日期</td><td colspan="2"></td></tr>
<tr><td colspan="2">被测零件图</td><td colspan="9">C5　7:24　φ38　φ60　73　120　205</td></tr>
<tr><td rowspan="2">序号</td><td rowspan="2">项目</td><td rowspan="2">图样要求</td><td rowspan="2">使用量具</td><td rowspan="2">规格</td><td colspan="5">测量数据</td><td rowspan="2">是否合格</td></tr>
<tr><td>1</td><td>2</td><td>3</td><td>4</td><td>5</td></tr>
<tr><td>1</td><td>锥度</td><td>7：24</td><td></td><td></td><td></td><td></td><td></td><td></td><td></td><td></td></tr>
</table>

二、清洁

用干净棉布清理工件被测表面和锥度套规。

三、测量

1）用显示剂红丹粉或蓝油在工件表面顺着圆锥母线薄而均匀地涂上周向均等的三条线。

2）手握套规轻轻地套在工件上，对研转动几次，转动角度不大于1 /3圈。

3）取下套规，观察工件表面显示剂擦去的情况。然后将工件转动90°，重复上述测量，仔细观察接触情况，判断工件是否合格。

【判断】

1）看标尺标线：工件圆锥端面位于量规基准端面上的间距为*m*的两标尺标线之间则合格,如图5-18所示。

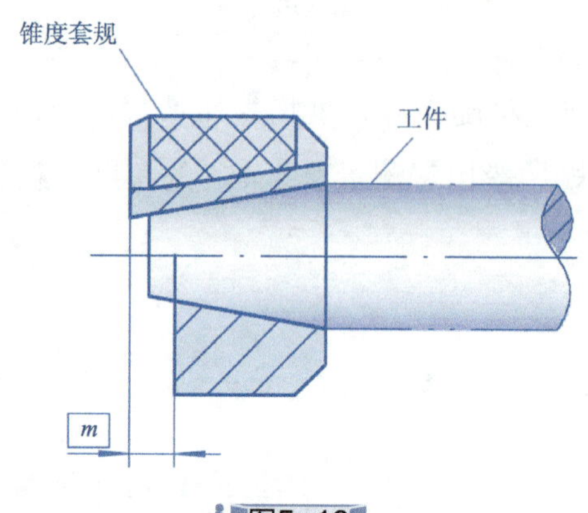

图5-18

2）看外圆锥工件上显示剂被擦掉的情况：

① 若工件外圆锥显示剂被均匀擦掉则合格。

② 若工件外圆锥显示剂仅大端被擦掉则圆锥角偏大。

③ 若工件外圆锥显示剂仅小端被擦掉则圆锥角偏小。

④ 若工件外圆锥两端显示剂都被擦掉，而中间部位未被擦掉则圆锥素线不直。

锥度塞规检验的步骤与套规相同，但显示剂应涂到塞规上。

四、填写

将检测任务单填写完整。

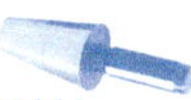

五、整理

测量完毕，将锥度量规擦净，涂上防锈油，放回盒中。

任务实施方法二　用正弦规检测锥度

一、任务准备

准备被测零件、精密测量平台、正弦规、标准量块、百分表（或千分表）、零件检测任务单（表 5–5）等物品。

二、清洁

用干净棉布清理工件被测表面，检查各测量面的外观，不能有碰伤、锈蚀等缺陷。

三、测量（图5–19）

图5–19

1）将正弦规放置于精密平板上。

2）根据圆锥角计算量块组高度，$h = L \times \sin \alpha$。

3）组合量块垫于正弦规的一个圆柱下（组合量块应越少越好，最多不超过 4 块）。

4）将被测件轻放在正弦规工作平面上。被测零件的定位面平靠在正弦规的挡板上，调整百分表架，使百分表测头与工件接触，并压缩 1 ~ 2 圈。

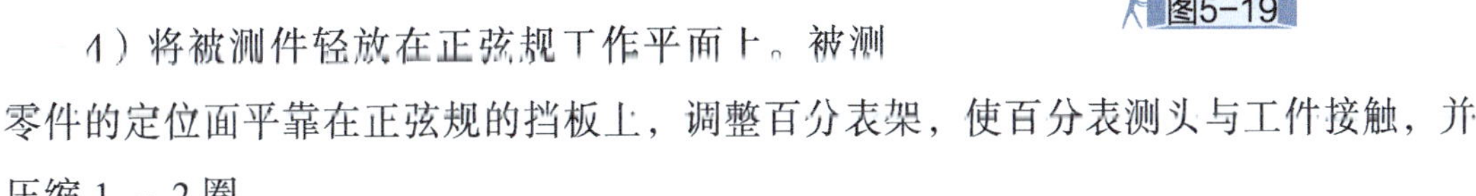

5）用百分表检验被测工件 a、b 两点（距离不小于 2mm）。

6）重复上述测量，在 a、b 两点各重复测量 3 次，取平均值，求出 a、b 两点的高度差 Δh，然后测出 a、b 两点间的距离 l，根据 $\Delta c=\Delta h/l$ 计算工件的锥度误差。

1）用正弦规测量时，不准磕碰。正弦规需要移动或垫量块组时，一定要轻拿轻放，绝对不能在平板上来回拖动，以免因圆柱磨损而过快降低正弦规的精度。

2）在正弦规上安装被测工件时，要利用前挡板和侧挡板定位，尽量减少测量误差。

四、填写

将检测任务单填写完整。

五、整理

正弦规使用完毕后，要用汽油将其表面洗净擦干，并涂上防锈油，再放入盒内妥善保管。

做以上保养工作时，最好不要用手直接去接触正弦规的测量工作面，以免手汗沾污正弦规造成锈蚀 。

想一想

以上两种测量方法有什么异同？分别适合怎样的测量对象？

任务评价

根据任务完成情况，将完成任务情况记入表5-6中，完成任务评价。

表5-6 锥度检测任务评价

零件名称		编号		姓名		日期	
测量结果的正确性	序号	测量结果正确性			量具选择正确性	数据处理正确性	合格判断的正确性
		测量尺寸	实测平均值	参考值			
	1	7：24					
	2						
测量方法、手势的正确性				量具维护保养			
教师评语							

任务拓展

了解机床常用锥度

一、莫氏锥度

1. 莫氏锥度的发明

19世纪美国机械师莫氏（Stephen A. Morse）为了解决麻花钻的夹持问题而发明了莫氏锥度。马上就推广为美国标准，并且发展成为全球标准。莫氏同时也是世界最早商业化麻花钻头的发明者。

2. 莫氏锥度

莫氏锥度是锥度的一个国际标准，应用于车床和钻床中，如车床顶尖、车床尾座座孔、麻花钻锥柄等。莫氏锥度杆与带锥度的内孔配合，是利用摩擦来传递转矩的，同时也可以方便拆卸。在同一锥度的一定范围内，工件可以自由的拆装，并且在工作时不会影响使用效果，如钻孔的锥柄钻，如果在使用中需要拆卸钻头磨削，那么拆卸后再重新装上并不会影响钻头的中心位置。

常用的莫氏锥度共有七种型号，分别为莫氏0号、莫氏1号、莫氏2号、莫氏3号、莫氏4号、莫氏5号和莫氏6号。使用时，只有相同号数的莫氏内、外锥才能配合。

二、锥度7：24

锥度7：24用于铣镗床和加工中心主轴的连接，可实现定位、快换刀具、自动换刀。

7：24不属于莫氏锥度。图5-20所示为铣床上所使用的ER32刀杆。7：24相对于莫氏锥度，自锁性不高，自动换刀方便，因此铣床主轴孔与刀杆广泛采用7：24的锥度。

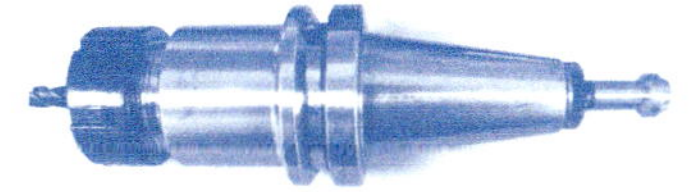

图5-20

试一试

用锥度套规检验如图 5-20 所示的 ER32 刀杆刀柄外锥面是否合格。

项目总结

本项目主要介绍了机械加工中常用的角度和锥度的测量工具及测量方法。学习了本项目后，应该知道圆锥的基本参数代号及定义；会用直角尺、游标万能角度尺、角度样板来检测角度；会用锥度量规和正弦规测量锥度。对实际零件进行检测后，能够根据零件图的要求，进行合格性判断。在学习测量的过程中，必须严格按照量具的使用、维护、保养注意事项，注重良好职业素养的培养。

项目评测

一、填空题

1. 大批量生产条件下，锥度量规只能用于检验______表面，有______和______两种。检验内锥体用______，检验外锥体用______。

2. 圆锥结合时，一般对锥度要求比对直径要求严，所以用锥度量规检验工件时，会用________检验工件的锥度。

3. 正弦规有________和________两种结构形式。

4. 用涂色法检测内圆锥，若量规仅小端着色，锥角________。

5. 锥度7∶24用于铣镗床和加工中心主轴的连接，可实现______、______、________。

二、判断题

1. 用涂色法检验锥度时，要求工件锥体表面接触靠近大端，高精度工件接触长度不低于工作长度的80%。（　）

2. 正弦规一般用于测量小于45°的角度。（　）

3. 正弦规测量角度的误差将随被测角度增大而增大，当角度在45°以上时，测量误差急剧增大。（　）

4. 锥度套规涂色法检验时，若工件或量规着色均匀则表示工件合格。（　）

5. 7∶24锥度是莫氏锥度的一种。（　）

6. 正弦规保养工作时，最好不要用手直接去接触正弦规的测量工作面，以免手汗沾污正弦规造成锈蚀 。（　）

7. 使用时，只有相同号数的莫氏内、外锥才能配合。（　）

三、问答分析题

1. 用游标万能角度尺测量角度产生测量误差有哪些因素？

2. 简述正弦规的工作原理。

3. 在中心距L=100 mm的正弦规上测量30°的圆锥角，应垫量块组高度h为多少？

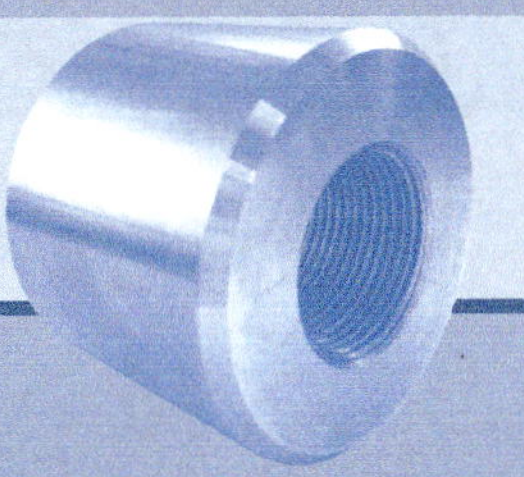

项目六

测量螺纹

项目描述

在机器制造业中，螺纹是机械零件连接、机械传动中不可缺少的部分，螺纹的精度对其连接和传动有直接影响，所以在实际生产中必须对螺纹进行检测。螺纹测量方法主要有综合测量法和单项测量法。

任务一 测量普通螺纹

学习目标

- 能读懂零件图上的普通螺纹标记；
- 会查表确定普通螺纹的中径公差；
- 能选择合适的量具测量普通螺纹并判断其合格性；
- 学会对普通螺纹量具的维护保养；
- 会填写检测报告单并能处理测量数据；
- 学会理论联系实际，在实际操作中掌握测量普通螺纹的基本知识和技能；
- 形成螺纹量规、螺纹千分尺的使用规范意识，养成爱护量具的良好习惯。

任务呈现

图6-1所示为数控专业的学生实训时所加工的螺纹轴。测量该螺纹轴中的普通（三角形）螺纹并判断其是否合格。

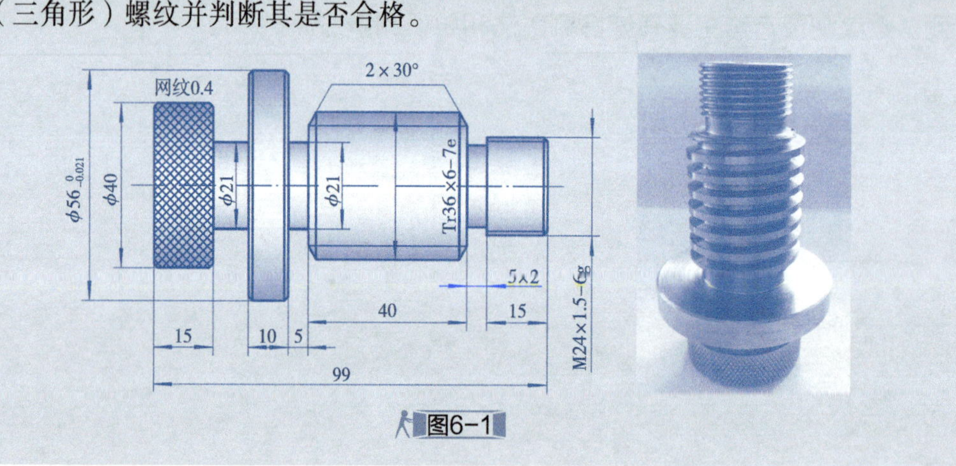

图6-1

知识链接

一、认识普通螺纹的标记

想一想

你认识 M20×1.5－5g6g－L 这个螺纹标记吗？

普通螺纹标记：

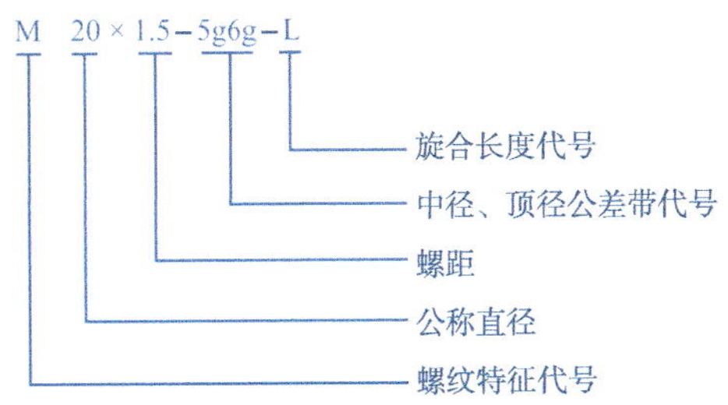

1）普通螺纹的特征代号用 M 表示。

2）螺纹是粗牙普通螺纹时，螺距省略标注。

3）螺纹公差带代号由表示其大小的公差等级数字和基本偏差代号所组成（内螺纹用大写字母，外螺纹用小写字母），中径、顶径公差带相同时只标注一个代号。

4）普通螺纹的旋合长度规定为短（S）、中（N）、长(L)三组，中等旋合长度不必标注。

5）旋向若为左旋则标注“LH”代号，右旋则省略不注。

因此，M20×1.5-5g6g-L 表示公称直径为 20 mm，螺距为 1.5 mm，中径、顶径公差带代号分别为 5g、6g，长旋合长度的细牙普通右旋外螺纹。

试一试

说说图 6–1 所示螺纹轴中 M24×1.5–6g 的含义？

二、螺纹测量方法

1. 综合测量法

综合测量法主要用于保证可旋合性的螺纹，通常用螺纹量规来检验。这种方法只能来评定内、外螺纹的合格性，不能测出实际参数的具体数值，但螺纹量规检验效率高,在大批量生产中得到了广泛的应用。

螺纹量规是检验外螺纹或内螺纹所用的极限量规的总称，包括螺纹环规和螺纹塞规。螺纹环规和螺纹塞规又有通规和止规之分，通常成对使用。

1） 螺纹环规（用于检测外螺纹）如图6-2所示。标有“T”或“GO”标记的为通规，标有“Z”或“NO GO”标记的为止规。

想一想

图 6-2 所示螺纹环规上的标记 M16×1.5－6g 是什么意思?

表示该螺纹环规用于测量螺纹大径为 16 mm，螺距为 1.5 mm，中径、顶径公差带代号为 6g 的细牙普通外螺纹。

2）螺纹塞规（用于检测内螺纹）如图6-3所示。通常螺牙较多的一端为通规，螺牙较少的一端则为止规。

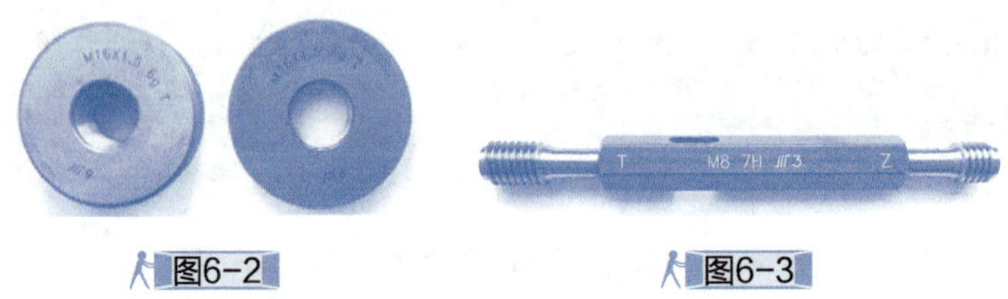

图6-2　　图6-3

想一想

图 6-3 所示螺纹塞规上的标记 M8－7H 是什么意思？

表示该螺纹塞规用于测量螺纹大径为 8 mm，螺距为 1.25 mm，中径、顶径公差带代号为 7H 的粗牙普通内螺纹。

2. 单项测量法——螺纹千分尺测量

螺纹千分尺一般用来测量普通螺纹的中径，该方法的测量精度较低，主要适用于单件小批量生产中对较低精度的外螺纹零件进行测量。

螺纹千分尺结构和使用方法与外径千分尺相同。螺纹千分尺的测量端带有可更换的专用成对的测量头，具有一系列的测量头可供不同的牙型角和螺距选用，如图6-4a

所示。其中一个是V形测量头，与牙型凸起部分相吻合，另一个为圆锥形测量头，与牙型沟槽相吻合，如图6-4b所示。测量时，所得到的螺纹千分尺读数就是该螺纹的中径实际尺寸，如图6-4c所示。

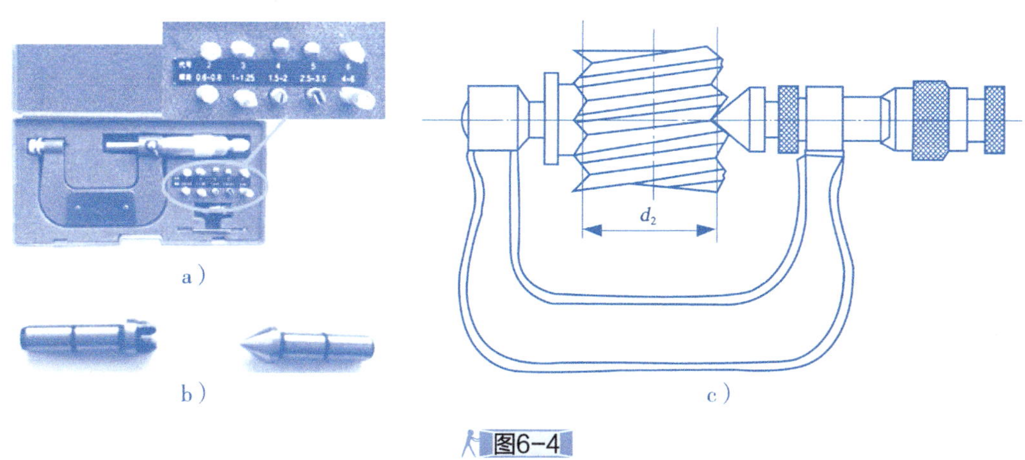

图6-4

任务实施

任务实施方法一　用螺纹量规测量普通螺纹

一、任务准备

准备被测零件、M24×1.5螺纹量规、擦拭用的干净棉布、棕刷、笔、零件检测任务单（表6-1）等物品。

表6-1　零件检测任务单

零件名称		编号		姓名		日期	
被测零件图							
序号	项目	图样要求	使用量具	规格	旋合情况		是否合格
					通规“T”	止规“Z”	
1	普通螺纹	M24×1.5−6g					

二、清理

用棕刷或气枪清理被测外螺纹上的污物，将螺纹环规用棉布擦干净，如图6-5所示。

三、测量

把螺纹环规放正，用通规T与外螺纹旋合，如图6-6所示，再用止规检验。

图6-5

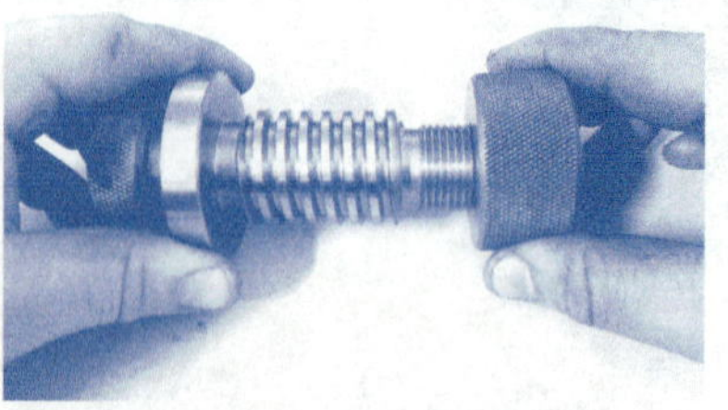

图6-6

测量时，用螺纹环规的通规检验工件时，应能顺利旋入，并通过工件全部的外螺纹。而用止规检验时，不能通过工件的外螺纹，则说明工件合格。

止规检验时，允许与工件螺纹部分旋合，但旋合量不应超过两个螺距；对于三个或少于三个螺距的工件，不应完全旋合通过。

1）螺纹环规与外螺纹工件旋合时，注意不要歪斜，如图 6-7 所示。

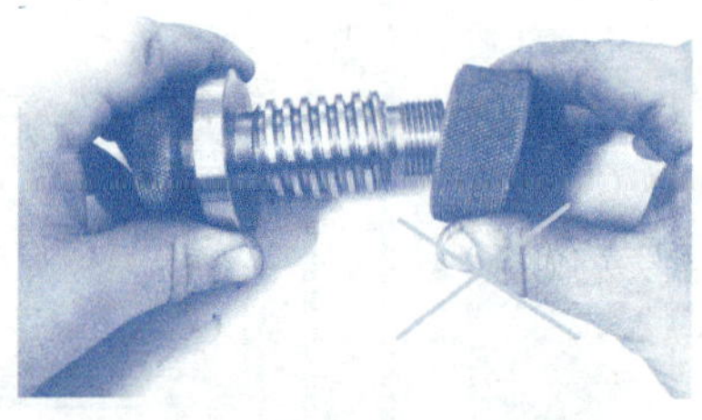

图6-7

2）检验中，应尽量避免长期用手捏着量规进行工作。不可用其他金属物撞击塞规螺纹部分。

3）用通规、止规测量螺纹时，用手拧动环规的力要适当，不允许强行拧紧，以免损坏量规。

四、填写

将检测任务单填写完整。

五、整理

测量完毕，将螺纹量规喷上防锈油并放回盒内。

任务实施方法二　用螺纹千分尺测量普通螺纹

一、任务准备

准备被测零件、螺纹千分尺、擦拭用的干净棉布、棕刷、笔、零件检测任务单（表6-2）等物品。

表6-2　零件检测任务单

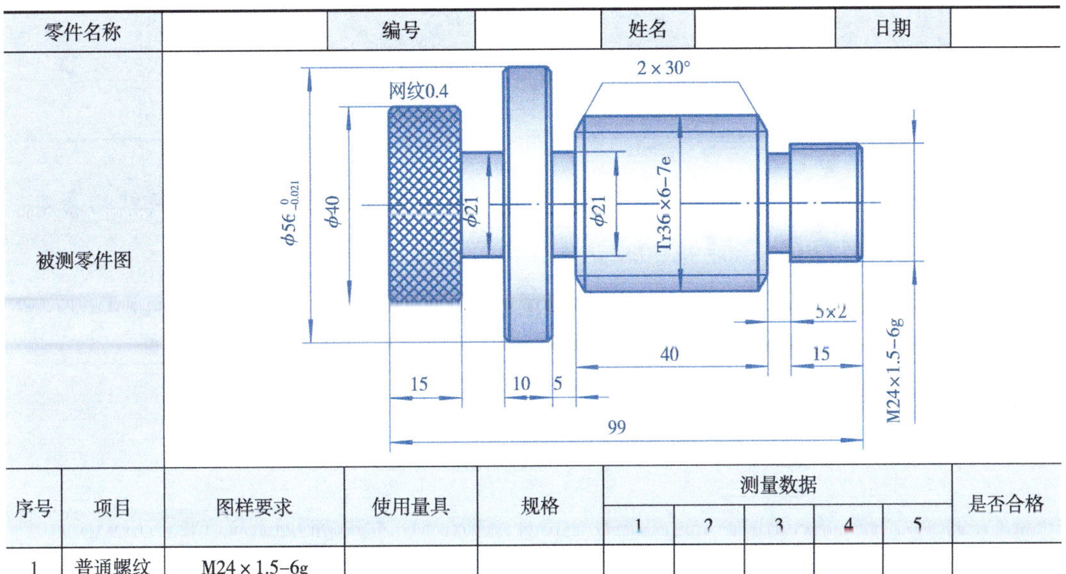

零件名称		编号		姓名		日期	
被测零件图							

序号	项目	图样要求	使用量具	规格	测量数据					是否合格
					1	2	3	4	5	
1	普通螺纹	M24×1.5-6g								

二、清理

用气枪或棕刷清理被测外螺纹上的污物，如图6-8所示。

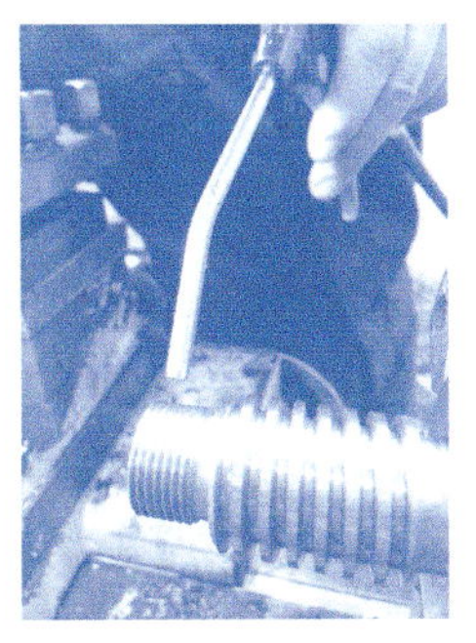

图6-8

三、测量

1）根据图样上被测外螺纹的公称直径24mm、螺距1.5 mm和精度等级6g，查出螺纹中径的极限偏差，并计算螺纹中径的公称尺寸和上、下极限尺寸。

①根据公称直径24 mm、螺距1.5 mm，查附录5 普通螺纹基本尺寸，得螺纹中径尺寸为23.026 mm，见表6-3。

表6-3 普通螺纹基本尺寸 （单位：mm）

公称直径（大径）D、d	螺距P	中径 D_2、d_2	小径 D_1、d_1
…	…	…	…
22	2.5 2 1.5 1	20.376 20.701 21.026 21.350	19.294 19.835 20.376 20.917
24	3 2 1.5 1	22.051 22.701 23.026 23.350	20.752 21.835 22.376 22.917
25	2 1.5 1	23.701 24.026 24.350	22.835 23.376 23.917

②根据螺距1.5 mm，中径、顶径公差带代号6g，查附录6 内外螺纹的基本偏差，查得上极限偏差es=−0.032 mm，见表6-4。

表6-4 内外螺纹的基本偏差 （单位：μm）

螺距P/ mm	基本偏差					
	内螺纹		外螺纹			
	G EI	H EI	e es	f es	g es	h es
…	…	…	…	…	…	…
1.25	+28	0	−63	−42	−28	0
1.5	+32	0	−67	−45	−32	0
1.75	+34	0	71	−48	−34	0

③根据公差等级6、公称直径24 mm和螺距1.5 mm，查附录7 外螺纹中径公差T_{d_2}，查得T_{d_2}=0.150mm，见表6-5 。

表6-5　外螺纹中径公差　（单位：μm）

基本大径d/mm		螺距P/mm	公差等级						
>	≤		3	4	5	6	7	8	9
…	…	…	…	…	…	…	…	…	…
		1	63	80	100	125	160	200	250
		1.5	75	95	118	150	190	236	300
		2	85	106	132	170	212	265	335
		3	100	125	160	200	250	315	400
		3.5	106	132	170	212	265	335	425
		4	112	140	180	224	280	355	450
		4.5	118	150	190	236	300	375	475

④计算该螺纹的下极限偏差。$ei=es-T_{d_2}$=−0.032mm−0.150mm=−0.182mm，所以中径尺寸为 $23.026_{-0.182}^{-0.032}$ mm，即中径上极限尺寸为 22.994 mm，下极限尺寸为 22.844 mm。

2）选择25～50 mm规格的螺纹千分尺，并根据被测外螺纹的螺距1.5 mm选择一对合适的测量头，如图6-9所示。

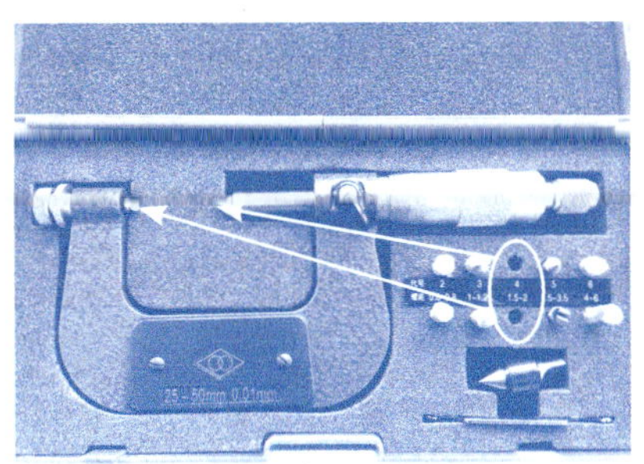

图6-9

3）校对零位，将两测量头擦干净，然后旋转微分筒，两测量头与校验棒贴合，观察刻线是否对准零位，若不对零，应及时调整对零，图6-10所示。

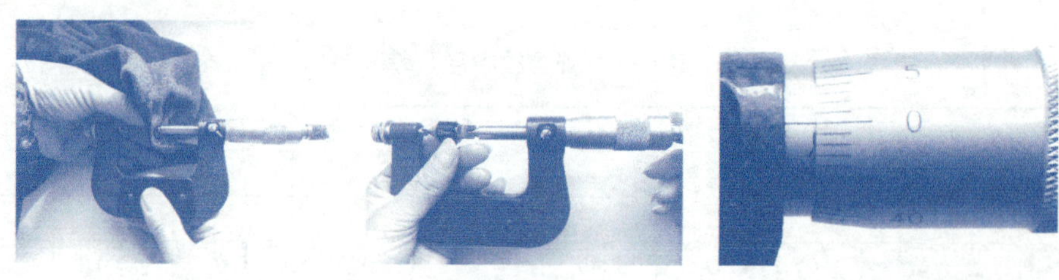

图6-10

4）测量时，将被测螺纹放入两测量头之间，找正中径部位，旋转测力装置发出两、三下声音后，记录测量数值，如图6-11所示。

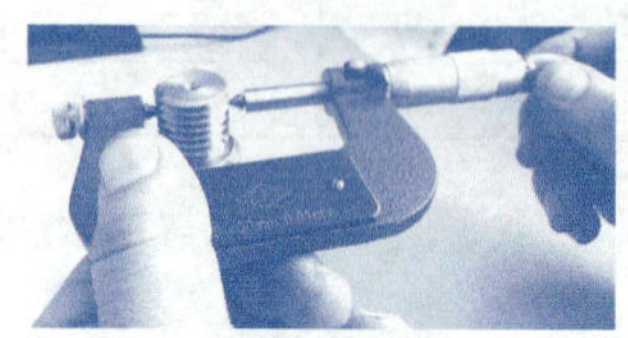

图6-11

5）分别在两个任意截面测量中径，测量所得的值即为螺纹的实际中径。

四、填写

将检测任务单填写完整。

五、整理

将螺纹千分尺两测量头卸下擦净，放入盒中规定位置，用干净棉布擦净螺纹千分尺，涂上防锈油，放入量具盒，并置于干燥处。

任务评价

根据任务实施过程，将完成任务情况记入表6-6中，完成任务评价。

表6-6　普通螺纹检测任务评价

<table>
<tr><td>零件名称</td><td></td><td>编号</td><td></td><td>姓名</td><td></td><td>日期</td><td></td></tr>
<tr><td rowspan="4">测量结果的正确性</td><td rowspan="2">序号</td><td colspan="3">测量结果正确性</td><td rowspan="2">量具选择正确性</td><td rowspan="2">数据处理正确性</td><td rowspan="2">合格判断的正确性</td></tr>
<tr><td>测量螺纹</td><td>实测平均值</td><td>参考值</td></tr>
<tr><td>1</td><td rowspan="2">M24×1.5–6g</td><td></td><td></td><td></td><td></td><td></td></tr>
<tr><td>2</td><td></td><td></td><td></td><td></td><td></td></tr>
<tr><td>测量方法、手势的正确性</td><td colspan="3"></td><td>量具维护保养</td><td colspan="3"></td></tr>
<tr><td>教师评语</td><td colspan="7"></td></tr>
</table>

任务拓展

其他测量普通螺纹的方法

一、用螺纹塞规测量内螺纹

用螺纹塞规测量图6-12所示的内螺纹。

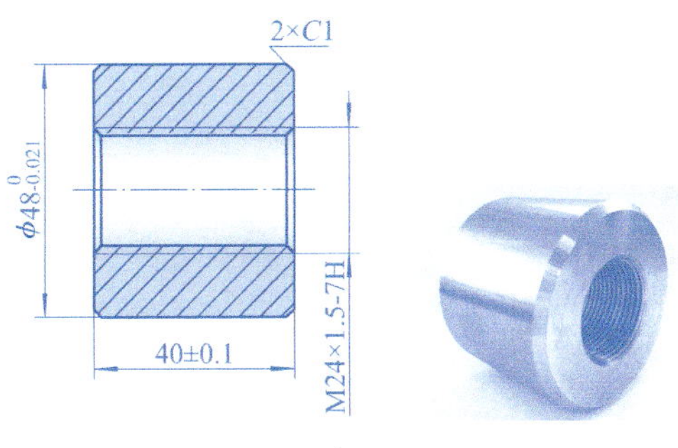

图6-12

试一试

1）选择 M24×1.5－7H 的螺纹塞规。

2）清理干净被测螺纹油污及杂质，将螺纹塞规通端与被测螺纹对正后，旋转螺纹塞规或被测件，使其在自由状态下旋转，通过全部螺纹长度判定为合格，否则以不通判定。

3）将螺纹塞规止端与被测螺纹对正后，旋转螺纹塞规或被测件，旋入螺纹长度在两个螺距之内止住为合格，否则判为不合格品（不可强行用力通过）。

螺纹塞规的维护与保养

1）螺纹塞规使用完毕后，应及时清理干净测量部位附着物，存放在规定的量具盒内。

2）使用塞规应轻拿轻放，以防止磕碰而损坏测量螺纹表面。

3）严禁将塞规强制旋入螺纹，避免造成早期磨损，确保塞规的准确性。长时间不使用，应涂上防锈油。

二、其他几种测量方法

前面已经介绍了用螺纹量规对普通螺纹进行综合测量和用螺纹千分尺测量螺纹中径的方法。除此之外，还有以下几种。

1. 大径的测量

螺纹的大径公差较大，一般用游标卡尺测量。

2. 螺距的测量

1）用螺距规测量螺距，如图6-13所示。

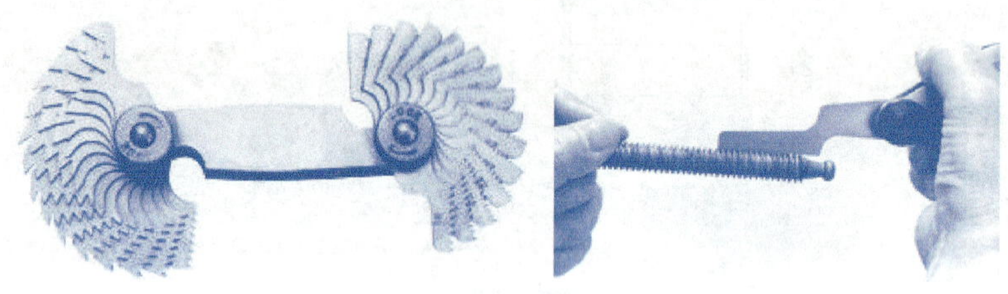

图6-13

2）用钢直尺、游标卡尺测量螺距。测量时先量出多个螺距的长度，然后把长度除以螺距的个数，就得出一个螺距的尺寸，如图6-14所示。

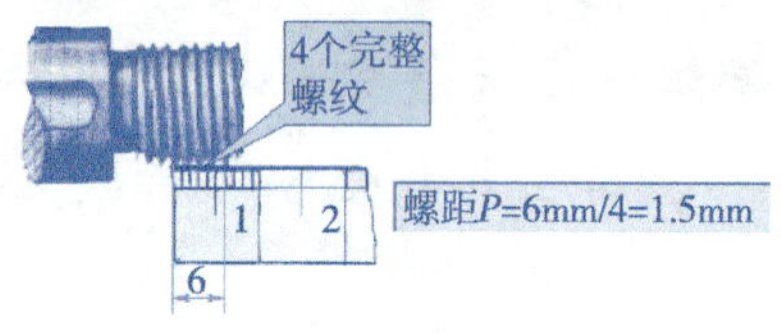

图6-14

3. 中径的测量

精度较高的螺纹，除了用螺纹千分尺测量外，还可以用三针法测量，如图6-15所示。

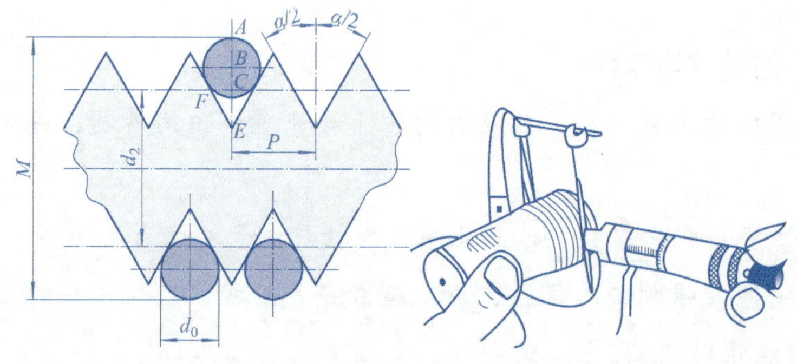

图6-15

任务二　测量梯形螺纹

学习目标

- 能读懂零件图上的梯形螺纹标记；
- 会查表确定梯形螺纹的中径极限尺寸；
- 会用三针法测量梯形螺纹并判断其合格性；
- 学会对梯形螺纹量具的维护保养；
- 会填写检测报告单并能处理测量数据；
- 学会理论联系实际，在实际操作中掌握测量梯形螺纹的基本知识和技能；
- 形成梯形螺纹量规、公法线千分尺的使用规范意识，养成爱护量具的良好习惯。

任务呈现

想一想

图 6-1 中螺纹轴除了普通螺纹外还有什么螺纹？实训中怎么测量？

知识链接

一、认识梯形螺纹的标记

想一想

你认识 Tr42×14（P7）LH－7e－L 这个螺纹标记吗？

梯形螺纹的标记：

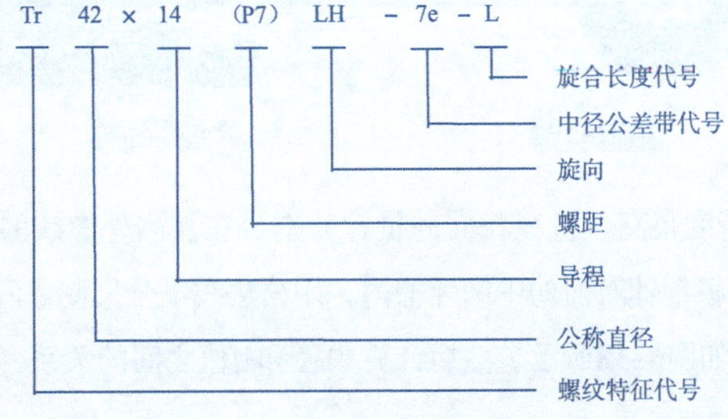

1）梯形螺纹的特征代号用 Tr 表示。

2）梯形螺纹不分粗细牙，单线螺纹用“公称直径 × 螺距”表示，多线螺纹用“公称直径 × 导程（P 螺距）”表示。

3）当螺纹为左旋时，标注“LH”，右旋时不标注。

4）公差带代号只标注中径公差带代号。

5）梯形螺纹旋合长度分为 N、L 两组，N 表示正常组，L 表示加长组。当旋合长度为 N 组时，不注旋合长度代号。

因此，Tr42×14（P7）LH−7e−L 表示公称直径为 42 mm，导程为 14 mm，螺距为 7 mm，左旋，中径公差带代号为 7e，旋合长度为 L 组的双线梯形外螺纹。

试一试

说说图 6-1 所示螺纹轴中的梯形螺纹标记 Tr36×6−7e 的含义？

二、三针法测量梯形螺纹

梯形螺纹是应用最广泛的传动螺纹，对于精度要求不高的梯形螺纹,可以和普通螺纹一样采用综合测量法，即用标准的梯形螺纹量规进行测量。当测量加工精度要求较高的梯形螺纹时，一般用公法线千分尺（图6–16），采用三针测量法测量，如图6–17所示。

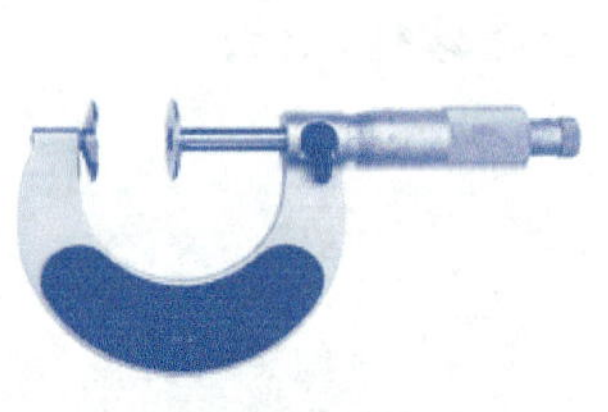

图6–16

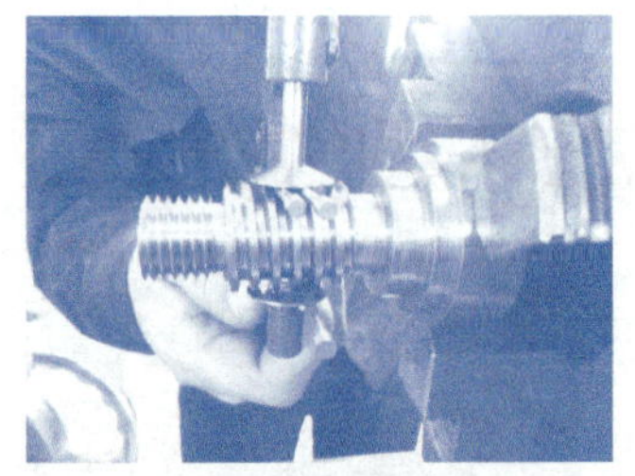

图6–17

测量时把三根精度很高、直径相同的量针分别放在被测外螺纹的沟槽中，其中单针应放在成对使用的两根量针对面的中间牙槽内，用公法线千分尺测量两边量针顶点之间的距离（跨针距）M，如图6–18所示。然后计算中径和M值之间的关系，判断梯形螺纹是否合格。

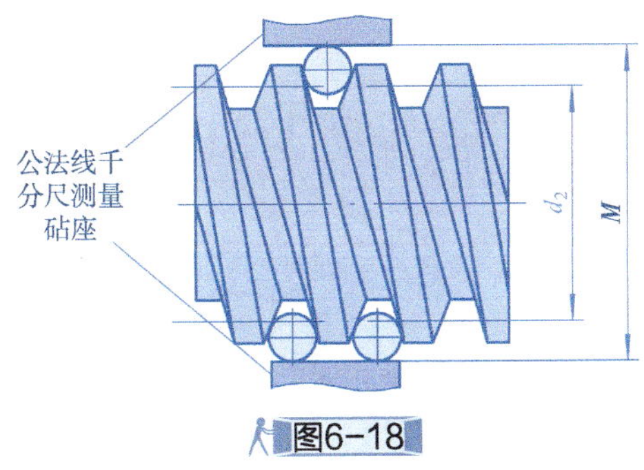

图6-18

三、梯形螺纹中径的计算

M值的计算公式为

$$M=d_2+4.864d_0-1.866P$$

即

$$d_2=M-(4.864d_0-1.866P)$$

式中　d_2——螺纹中径；

d_0——量针直径；

P——螺纹螺距。

其中，螺纹中径d_2需要查附录8梯形螺纹基本尺寸，根据梯形螺纹的公称直径和螺距可查得。

最佳的量针直径为

$$d_{0佳}=0.518P$$

如Tr36×6－7e，则$d_{0佳}=0.518P=0.518\times 6\text{mm}=3.108\text{ mm}$。

任务实施

一、任务准备

准备被测零件、公法线千分尺、擦拭用的干净棉布、棕刷、零件检测任务单（表6-7）等物品。

表6-7　零件检测任务单

<table>
<tr><td colspan="2">零件名称</td><td></td><td colspan="2">编号</td><td colspan="2"></td><td>姓名</td><td></td><td>日期</td><td></td></tr>
<tr><td colspan="2">被测零件图</td><td colspan="9">网纹0.4
2×30°
$\phi56^{\ 0}_{-0.021}$
$\phi40$
$\phi21$
$\phi21$
Tr36×6−7e
5×2
M24×1.5−6g
15　10　5　40　15
99</td></tr>
<tr><td rowspan="2">序号</td><td rowspan="2">项目</td><td rowspan="2">图样要求</td><td rowspan="2">使用量具</td><td rowspan="2">规格</td><td colspan="5">测量数据</td><td rowspan="2">是否合格</td></tr>
<tr><td>1</td><td>2</td><td>3</td><td>4</td><td>5</td></tr>
<tr><td>1</td><td>梯形螺纹</td><td>Tr36×6－7e</td><td></td><td></td><td></td><td></td><td></td><td></td><td></td><td></td></tr>
</table>

二、清理

1）根据梯形螺纹的公称直径36mm，选用25～50 mm的公法线千分尺，如图6-19所示。

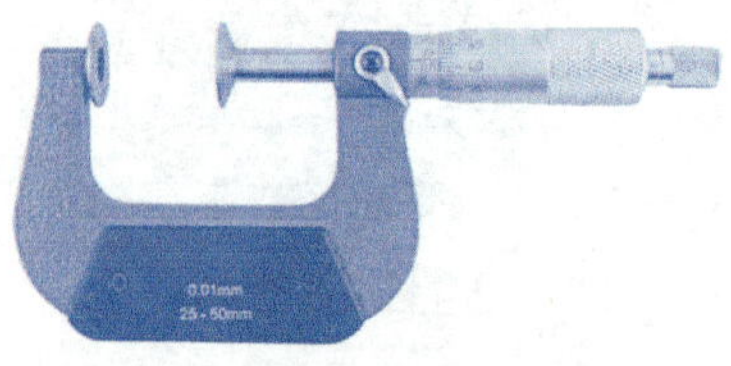

图6-19

2）将量具和被测螺纹清理干净，校正公法线千分尺的零位，如图6-20所示。

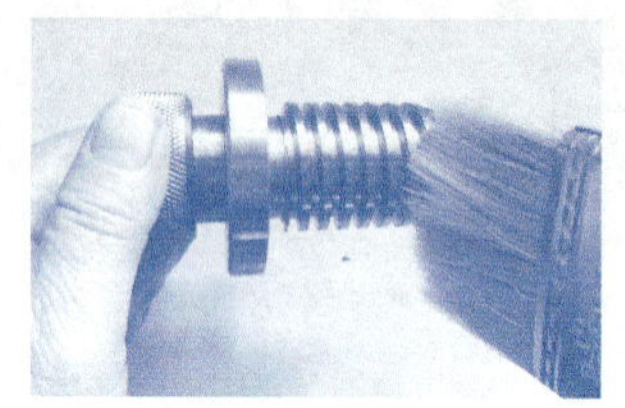  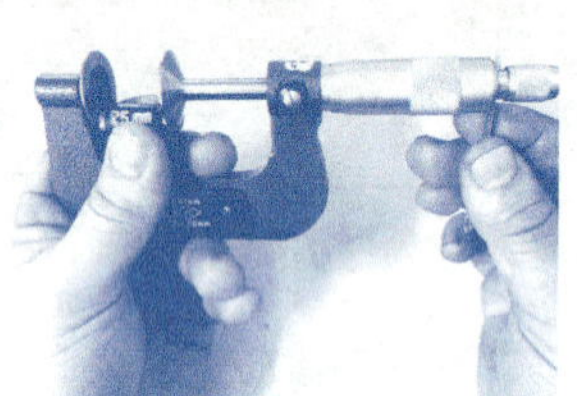

图6-20

三、测量

1）根据图样上被测外螺纹的公称直径36 mm、螺距6 mm和精度等级7e，查出螺纹中径的极限偏差，并计算螺纹中径的公称尺寸和上、下极限尺寸。

①根据公称直径 36 mm 、螺距 6 mm，查附录 8 梯形螺纹基本尺寸，得螺纹中径尺寸为 33.000 mm。

②根据螺距 6mm、中径公差带代号 7e，查附录 9 梯形螺纹中径的基本偏差。查得上极限偏差 es=−0.118 mm。

③根据附录 10 梯形螺纹外螺纹中径公差 T_{d_2}，查得该梯形螺纹的中径公差 T_{d_2}=0.335 mm。

④计算该螺纹的下极限偏差。ei=es−T_{d_2}=−0.118mm−0.335mm=−0.453 mm，所以中径尺寸为 $33^{-0.118}_{-0.453}$ mm，即中径上极限尺寸为 32.882 mm，下极限尺寸为 32.547 mm。

2）根据梯形螺纹的螺距6 mm，根据最佳量针直径$d_{0佳}=0.518P$，选用最佳量针$d_0=3.108$mm。

为了简化三针的尺寸规格，工厂生产的三针尺寸是几种尺寸相近螺纹共用的标准值。不一定恰好等于所要的最佳直径。测量时可以从成套三针中挑选直径最接近的三针。但量针直径不能太大，也不能太小。如果量针直径太大，则量针的横截面与螺纹牙侧不相切，测量就不准确；如果量针直径太小，则量针陷入沟槽中，就无法测量。

3）将三根量针放入梯形螺纹牙槽中，旋转公法线千分尺的微分筒，使两端测头与三针接触，读出尺寸M，如图6-21所示。

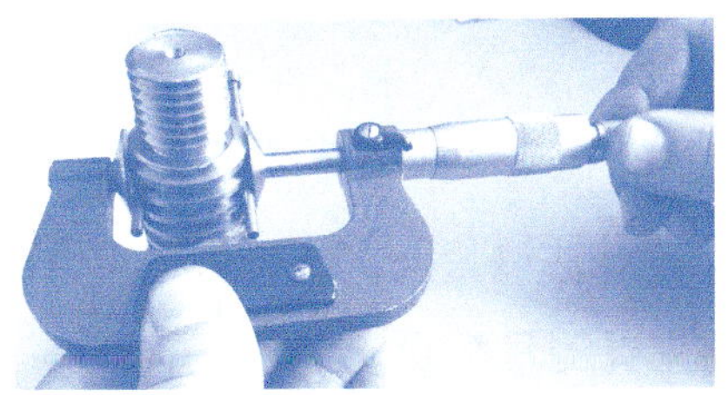

图6-21

4）用公法线千分尺在两个任意截面上测出尺寸M，逐次记录数据。

5）尺寸合格性判断。

方法一：根据计算出的M极限尺寸判断。

根据图样给定的中径d_2公差要求，按公式$M=d_2+4.864d_0-1.866P$算出M的极限尺寸，将实测尺寸M与计算出的M极限尺寸进行比较，判断螺纹中径是否合格。

方法二：计算出实测中径d_2进行判断。

将实测值M代入公式$d_2=M-(4.864d_0-1.866P)$，计算出实测中径值，按照图样给定的中径d_2公差要求，判断螺纹中径是否合格。

四、填写

将检测任务单填写完整。

五、整理

测量结束，将量具擦拭干净并放回盒内。

任务评价

根据任务实施过程，将完成任务情况记入表6-8中，完成任务评价。

表6-8　梯形螺纹检测任务评价

<table>
<tr><td>零件名称</td><td></td><td>编号</td><td></td><td>姓名</td><td></td><td>日期</td><td></td></tr>
<tr><td rowspan="4">测量结果的正确性</td><td rowspan="2">序号</td><td colspan="3">测量结果正确性</td><td rowspan="2">量具选择正确性</td><td rowspan="2">数据处理正确性</td><td rowspan="2">合格判断的正确性</td></tr>
<tr><td>测量螺纹</td><td>实测平均值</td><td>参考值</td></tr>
<tr><td>1</td><td rowspan="2">Tr36×6−7e</td><td></td><td></td><td></td><td></td><td></td></tr>
<tr><td>2</td><td></td><td></td><td></td><td></td><td></td></tr>
<tr><td>测量方法、手势的正确性</td><td colspan="3"></td><td>量具维护保养</td><td colspan="3"></td></tr>
<tr><td>教师评语</td><td colspan="7"></td></tr>
</table>

任务拓展

单针法测量螺纹

梯形螺纹除螺纹量规、三针法测量外，还可采用单针测量法对其中径进行测量。单针测量比较简单，但不如三针测量精确。

单针测量法需要使用一根符合要求的量针，如图6-22所示，将其放置在螺旋槽内，用千分尺量出以外螺纹顶径为基准到量针顶点之间的距离A。在测量前应先测量出螺纹大径的实际尺寸d。计算公式为

$$A=\frac{M+d}{2}$$

式中　A——单针测量值；

d——螺纹大径的实际尺寸；

M——三针测量时跨针距。

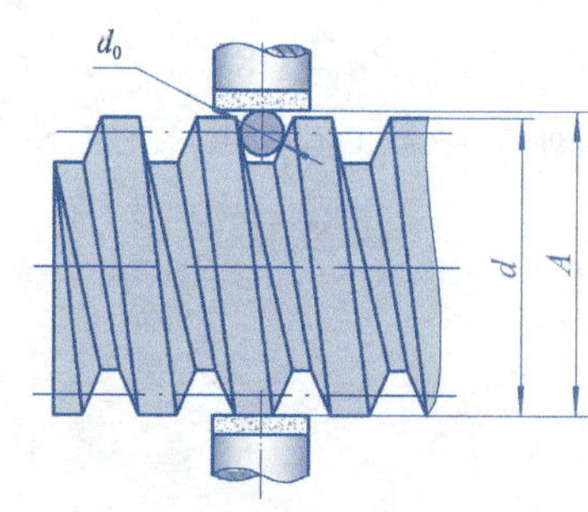

图6-22

根据上面公式算出M，再根据公式$d_2=M-(4.864d_0-1.866P)$算出中径测量值。

项目总结

本项目主要介绍了普通螺纹和梯形螺纹的测量方法、步骤。会使用常用的螺纹测量工具测量螺纹是机械加工和检测的基本技能。通过学习，应该能读懂零件图上的普通螺纹和梯形螺纹的标记；会查附录并能通过简单计算确定普通螺纹的中径公差；会用螺纹量规、螺纹千分尺测量普通螺纹；会用三针法测量梯形螺纹；对实际零件进行检测后，能够根据零件图的要求，进行合格性判断。在学习测量的过程中，必须严格按照量具的使用、维护、保养注意事项，注重良好职业素养的培养。

项目评测

一、填空题

1. 螺纹测量方法主要有_______和_______。

2. 螺纹量规是指检验______或______所用的极限量规的总称，包括______和_______。

3. 螺纹千分尺一般用来测量普通螺纹的_____，该方法的测量精度______。

4. 梯形螺纹是应用最广泛的_______，当测量加工精度要求较高的梯形螺纹时，一般采用_______测量。

5. 止规检验时，允许与工件螺纹部分旋合，但旋合量不应超过_________螺距；对于三个或少于三个螺距的工件，不应_______。

二、判断题

1. 普通螺纹旋向若为左旋则标注“左”或“LH”，右旋则省略不注。（ ）

2. 螺纹环规和螺纹塞规有通规和止规之分，通常成对使用。（ ）

3. 螺纹塞规用于检测外螺纹。（ ）

4. 螺纹塞规通常螺牙较多的一端为止规，螺牙较少的一端则为通规。（ ）

5. 螺纹千分尺主要适用于单件小批量生产中对较低精度的外螺纹零件进行测量。（ ）

三、问答分析题

1. 解释下列标记的含义：

M24×2-6g

Tr40×14（P7）LH-7h

2. 用螺纹千分尺测量 M30×2-6g螺纹时，实际测量值应在什么范围内才合格。

3. 用三针法测量梯形螺纹时，选取的量针直径为什么不能太大，也不能太小？

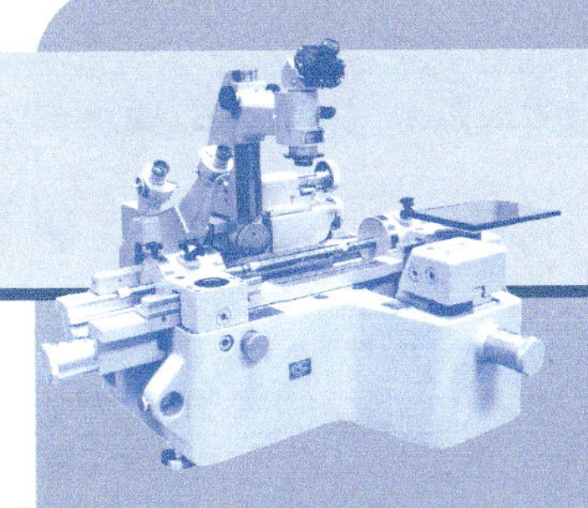

项目七

零件精密测量

项目描述

机械工业的发展与精密测量息息相关，如千分尺的出现，使加工精度达到了0.01 mm；测微比较仪的出现，使加工精度达到了1 μm；有了激光干涉仪，测量精度可以到0.01 μm。

通过前面的学习，我们了解了标准量具中的量块、角度块、线纹尺等；量规中的光滑极限量规、螺纹量规等；通用量具中的游标卡尺、游标万能角度尺、千分尺等。零件的测量还可以使用各种量仪和计量装置，如：

1）机械式量仪中的杠杆比较仪和扭簧比较仪等。

2）光学式量仪中的光学比较仪、自准直仪、投影仪、工具显微镜、干涉仪等。

3）电动式量仪中的电感测微仪、电动轮廓仪等。

4）气动式量仪中的水柱式和浮标式气动量仪等。

5）光电式量仪中的光电显微镜、光电测长仪等。

本项目中主要介绍立式光学比较仪和三坐标测量仪的有关知识和技能，以了解精密测量技术在工业生产中的应用。

任务一 用立式光学比较仪测量线性尺寸

学习目标

- 了解立式光学比较仪的测量原理；
- 了解用立式光学比较仪测量外径的方法；
- 熟知使用立式光学比较仪测量注意事项，提升学习先进测量仪器的兴趣。

任务呈现

图7-1所示为工厂计量室对量块和量规的测量。你知道这种测量方式是什么吗？

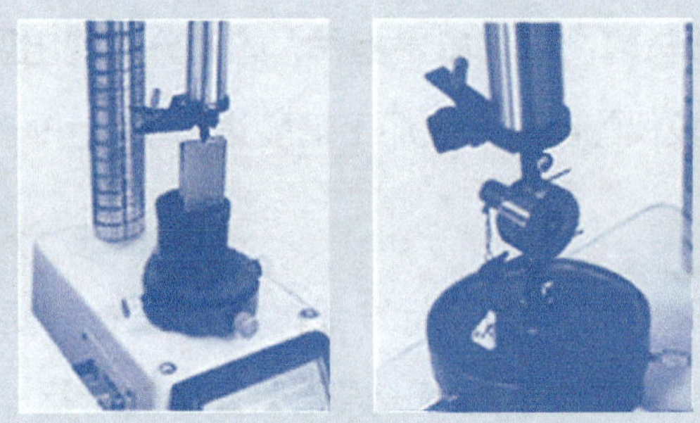

图7-1

知识链接

立式光学比较仪是一种精度较高而结构简单的常用光学量仪，利用标准量块与被测件相比较的方法来测量零件外形的微差尺寸，通常用来检测精密的轴类、量规以及五等和六等的量块，是工厂计量室、车间检定站或制造量具、工具等精密零件车间常用的精密仪器之一。

用量块作为长度基准，按相对测量法来测量各种工件的外形尺寸。

1. 立式光学比较仪的结构

常见的立式光学比较仪有刻线式、投影式以及数显式。前两种的工作原理基本相同。这里主要介绍投影式和数显式立式光学比较仪的结构。

（1）投影式立式光学比较仪　投影式立式光学比较仪利用标准量块与被测件相比较的方法来测量零件的外形尺寸。仪器采用投影屏和分划目镜读数装置，附加读数放大镜，使视场亮度匀称、像质清晰。测量精度高、数据稳定可靠，对小尺寸精密零件的检测尤为方便。其结构和外观分别如图7-2a、b所示。

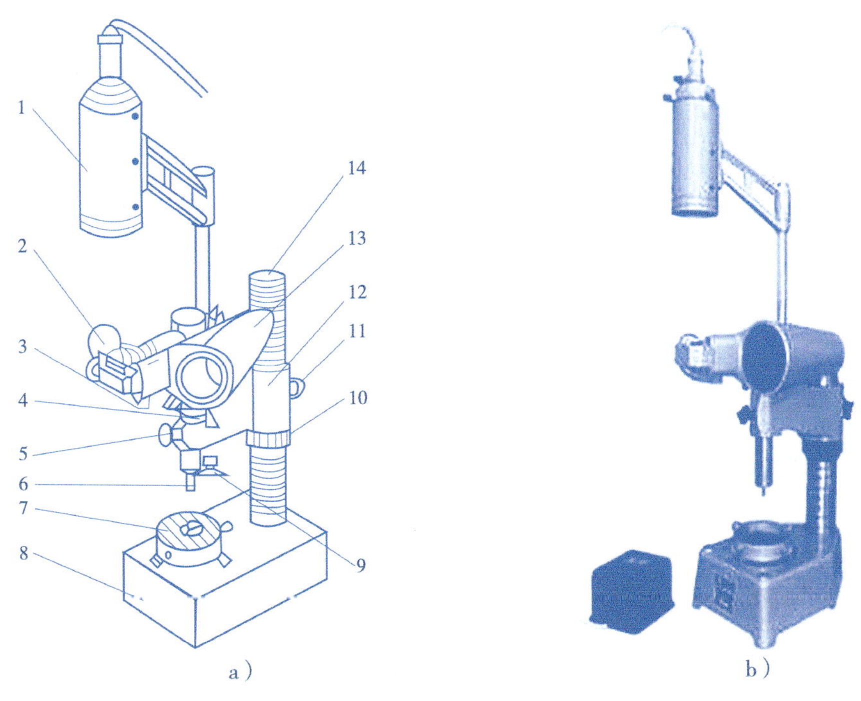

图7-2

1—光源　2—反光镜　3—微调螺钉　4—细调凸轮螺钉　5—光管锁紧螺钉　6—测头　7—工作台　8—底座　9—测头提升杠杆　10—横臂升降螺母　11—横臂锁紧螺钉　12—横臂　13—投影筒　14—立柱

该比较仪可以用来检定量块、量规、线形、板形物体的厚度，外螺纹的中径；圆柱形和球形工件的直径，以及平行平面等精密量具和零件的外形尺寸等；还可以对薄膜如铝箔、包装膜、纸张等厚度进行测量。其示值误差为 ± 0.25 μm，总放大倍数为1000倍。

（2）数显式立式光学比较仪　数显式立式光学比较仪将测头的移动量转化为数字并由显示屏显示出来，测量结果更为直观，提高了测量精度和测量效率。其结构和外观分别如图7-3a、b所示。

该数显式立式光学比较仪的技术规格如下：被测件最大长度180 mm，测量范围 ≥ ± 0.1 mm，最小显示值0.1 μm，示值误差为 ± 0.25 μm。

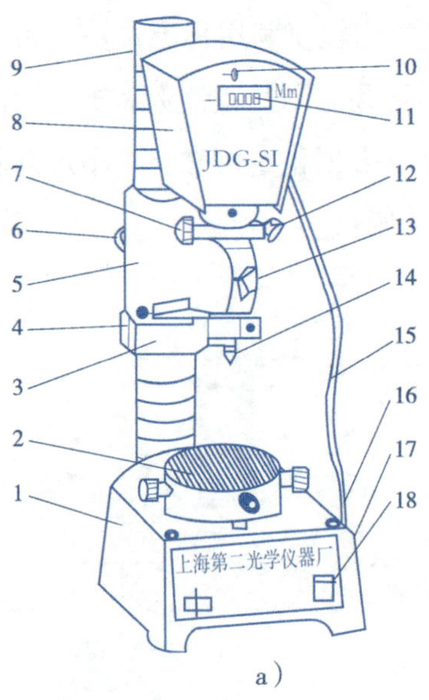

a）

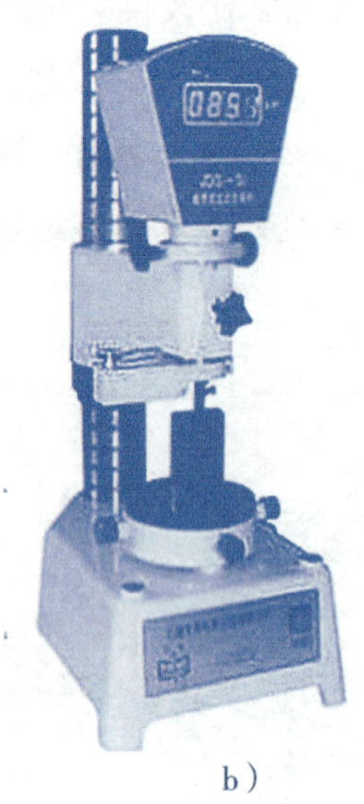

b）

图7-3

1—底座　2—可调工作台　3—提升器　4—升降螺母　5—横臂　6—横臂紧固螺钉　7—微动螺钉　8—光学计管　9—立柱　10—中心零位指示　11—数显窗　12—微动紧固螺钉　13—光学计管紧固螺钉　14—测头　15—电缆　16—方工作台安置螺孔　17—电源插座　18—置零按钮

2. 投影式立式光学比较仪的工作原理

该仪器是利用光学自准原理和机械正切杠杆原理进行测量的，如图7-4所示。从物镜焦平面上的焦点c发出的光，经物镜后变成一束平行光到达平面反射镜P，若平面反射镜与主光轴垂直，则光线按原路反射回来，即发光点c与像点c'重合。若测杆因被测工件尺寸的变化而产生微小的位移S使平面反射镜P转动α角，则反射光束与入射光束间的夹角为2α，反射光束汇聚于像点c''，则$\overline{cc''}=f\tan 2\alpha$，测杆的位移为$S=b\tan\alpha$。即测杆实际移动距离为$S$，通过比较仪放大成$\overline{cc'}$，则放大比$K=\dfrac{f\tan 2\alpha}{b\tan\alpha}\approx\dfrac{2f}{b}$，式中，$f$为物镜焦距，$b$为测杆与支点间的距离。一般光学比较仪物镜焦距$f$=200 mm，$b$=5 mm，则放大比$K$=80。用12倍目镜观察时，标尺像又放大12倍，因此总放大比为$n=12K=12\times80=960$，即当测杆移动0.001 mm时，在目镜中可见到0.96 mm的位移量。由于仪器的标尺间距为0.96 mm，即这个位移量相当于标尺移动一个标尺间距，所以仪器的分度值为0.001 mm。

图7-5所示为立式光学比较仪光路图，由光源1发出的光线，经反射镜2到物镜焦平面左半部刻度尺3（共200格，分度值为0.001 mm）、棱镜5以及物镜6射在反射镜7上，当测杆8有微小位移时，反射镜7绕支点9转动α角，从目镜10中可看到反射回来的标尺的影像将向上或向下移动一相应的距离t（即图7-4中的t）的位移量，此移动量为被测尺寸的变动量，可按指示所指格数及符号读出，如图7-5所示。

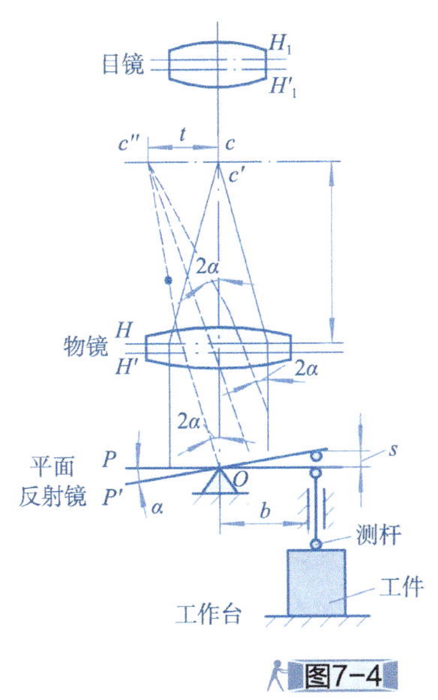

图7-4

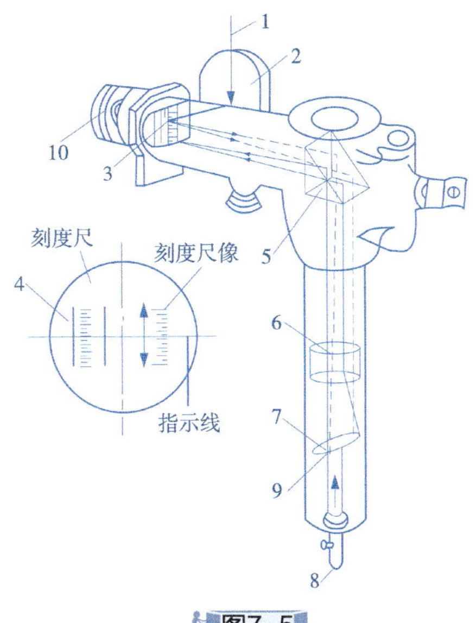

图7-5

1—光源　2、7—反射镜　3—物镜焦平面刻度尺　4—棱镜上的影像　5—棱镜　6—物镜　8—测杆　9—支点　10—目镜

任务实施

用立式光学比较仪测量线性尺寸的过程

用图7-2所示的立式光学比较仪测量如图7-6所示的轴承外径，通过极限尺寸的验收判断轴承外径的合格性。

图7-6

1）选择测头：选用球形测头。

测头有球形、平面形和刀口形三种，根据被测零件表面的几何形状来选择，使测头与被测表面尽量满足点接触。因此，测量平面或圆柱面工件时，选用球形测头；测量球面工件时，选用平面形测头。测量小于10 mm的圆柱面工件时，选用刀口形测头。

2）组合量块：按被测轴径的公称尺寸组合量块。

选好的量块用脱脂棉浸汽油清洗，再经干脱脂棉擦净后研合在一起，将下测量面置于工作台的中央，并使测头对准上测量面中央。

3）调整零位。

①粗调：松开横臂锁紧螺钉11，转动横臂升降螺母10，使横臂缓慢下降，直到测头与量块上测面极为靠近，并能在视场中看到标尺像时，将横臂锁紧螺钉11锁紧。

②细调：松开光管锁紧螺钉5，转动细调凸轮螺钉4，直至在目镜中观察到标尺像与0指示线接近为止，然后拧紧光管锁紧螺钉5。

③微调：转动微调螺钉3，使标尺像准确对准零位，然后用手轻轻按压测头提升杠杆9二至三次，使零位稳定。

4）实施测量。

①将测头抬起，取下量块。

②测量轴承外径，按表7-1中测量示意图规定的轴径：在Ⅰ、Ⅱ两个截面上，AA'、BB'两个径向位置上进行测量，把测量结果填入表7-1，并进行合格性判断。

表7-1　立式光学比较仪测量轴径任务单

零件名称		编号		姓名		日期	
测量示意图							
测量数据			实际偏差/μm		实际尺寸/mm		是否合格
测量位置			Ⅰ—Ⅰ	Ⅱ—Ⅱ	Ⅰ—Ⅰ	Ⅱ—Ⅱ	
测量方向	A—A'						
	B—B'						

任务评价

根据任务实施过程，将完成任务情况记入表7-2中，完成任务评价。

表7-2　零件检测任务评价

<table>
<tr><td>零件名称</td><td></td><td>编号</td><td></td><td>姓名</td><td></td><td>日期</td><td></td></tr>
<tr><td rowspan="4">测量结果的正确性</td><td rowspan="2">序号</td><td colspan="3">测量结果正确性</td><td rowspan="2">量具选择正确性</td><td rowspan="2">数据处理正确性</td><td rowspan="2">合格判断的正确性</td></tr>
<tr><td>测量尺寸</td><td>实测平均值</td><td>参考值</td></tr>
<tr><td>1</td><td>$A—A'$</td><td></td><td></td><td></td><td></td><td></td></tr>
<tr><td>2</td><td>$B—B'$</td><td></td><td></td><td></td><td></td><td></td></tr>
<tr><td>测量方法、手势的正确性</td><td colspan="3"></td><td>量具维护保养</td><td colspan="3"></td></tr>
<tr><td>教师评语</td><td colspan="7"></td></tr>
</table>

任务拓展

使用立式光学比较仪测量的注意事项

1）测量前应先擦净零件表面及仪器工作台。

2）操作要小心，不得有任何碰撞，调整时观察指针位置，不应超出标尺示值范围。

3）使用量块时要正确推合，防止划伤量块测量面。

4）取拿量块时最好用竹镊子夹持，避免用手直接接触量块，以减少手温对测量精度的影响。

5）注意保护量块工作面，禁止量块碰撞或掉落地上。

6）量块用后，要用脱脂棉浸汽油清洗，再经干脱脂棉擦净后涂上防护油。

7）测量结束前，不应拆开量块，以便随时校对零位。

任务二 用三坐标测量仪测量零件

学习目标

- 能简述三坐标测量仪的产生及发展；
- 了解三坐标测量仪的功能；
- 了解三坐标测量仪的常用结构形式；
- 理解三坐标测量仪的工作原理；
- 熟知使用三坐标仪测量注意事项，提升学习先进测量仪器的兴趣。

任务呈现

传统的测量方法是指用百分表、量块、游标卡尺等传统测量工具进行的测量。由于这些量具本身精度不高，人为误差较大；量具量程小，被测工件尺寸、形状受到限制，因此许多形状较复杂的测量任务（如曲面）难以实现。而当代机械加工、数控机床加工及自动加工线的发展，生产节奏加快，加工一个零件仅用几十分钟或几分钟，要求加快对复杂工件的检测。在一些领域，如模具制造，往往采用按制好的工件模型去仿制模具，实现逆向（反求）工程。因此，需要更为精确、方便、快捷的测量方式，如图7-7所示。

你知道这种测量方式是什么吗？

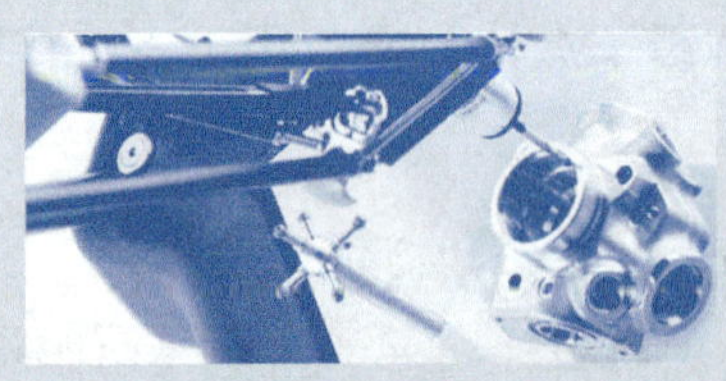

图7-7

知识链接

一、三坐标测量仪的产生及原理

三坐标测量仪（简称CMM）起源于20世纪60年代。1956年，英国Ferranti公司开发了第一台三坐标测量仪，如图7-8所示。经过半个多世纪的发展，目前，CMM已广泛用于机械制造业、汽车工业、电子工业、航空航天工业和国防工业等各部门，成为现代工业检测和质量控制不可缺少的万能测量设备。

三坐标测量仪的原理：由三个相互垂直的运动轴X、Y、Z建立起三维空间坐标系，测头的一切运动都在这个坐标系中进行,测头的运动轨迹由测球中心点来表示。测量时，把被测零件放在工作台上，测头与零件表面接触，三坐标测量仪的检测系统可以随时给出测球中心点在坐标系中的精确位置。当测球沿着工件的几何型面移动时，就可以得出被测几何型面上各点的坐标值。将这些数据送入计算机，通过相应的软件进行处理，就可以精确地计算出被测工件的几何尺寸、形状和位置误差等。

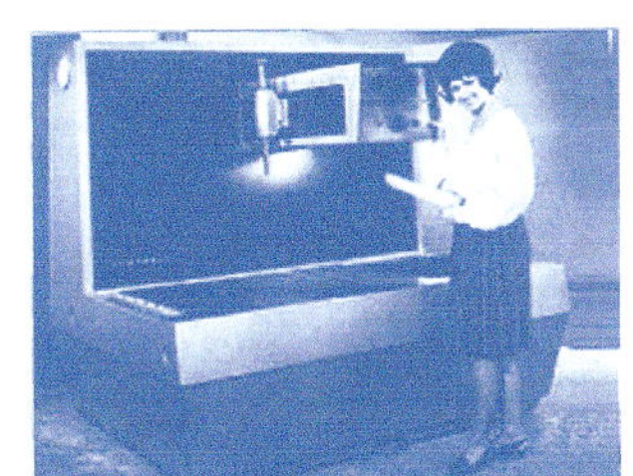

图7-8

二、三坐标测量仪的功能

三坐标测量仪是精密的测量仪器，它集机、光、电等于一体，能测量零部件的尺寸、形状、位置、方向误差；配合高性能的计算机软件，可以进行箱体、导轨、涡轮、叶片、缸体、凸轮、齿轮、螺纹等空间形面的测量；能连续扫描曲面；可以编制测量程序，通过执行程序实现自动测量。

运用三坐标测量仪，突显以下优点：

1）提高了三维测量的测量精度，目前高精度的三坐标测量仪的单轴精度，每米长度内可达1 μm以内，三维空间精度可达1 ~ 2 μm。对于车间检测用的三坐标测量仪，每米测量精度单轴也达3 ~ 4 μm。

2）由于三坐标测量仪可与数控机床和加工中心配套组成生产加工线或柔性制造系统，从而促进了自动生产线的发展。

3）可方便地进行数据处理和程序控制，可以和加工中心等生产设备方便地进行数据交换，能满足逆向工程的需要。

4）随着三坐标测量仪的精度不断提高，自动化程序不断发展，促进了三维测量技术的进步，大大地提高了测量效率。尤其是计算机的引入，不但便于数据处理，而且可以完成CNC的控制功能，可缩短测量时间达95%以上。

三、三坐标测量仪的硬件组成

三坐标测量仪的硬件组成包括电气系统、测头、三坐标测量仪主体等。

（1）电气系统　包括电气控制系统（测量仪控制部分）、计算机硬件、测量软件（包括控制软件和数据处理软件等）。

（2）测头　测头即三维测量传感器，它可以在三个方向上感受瞄准信号和微小位移。三坐标测量仪是用测头来拾取信号的，它的准确度和测量效率与测头密切相关，图7-9所示为各种测量接触头。

（3）三坐标测量仪主体　主要由底座、测量工作台、立柱等部分组成。

完整的三坐标测量仪组成如图7-10所示。

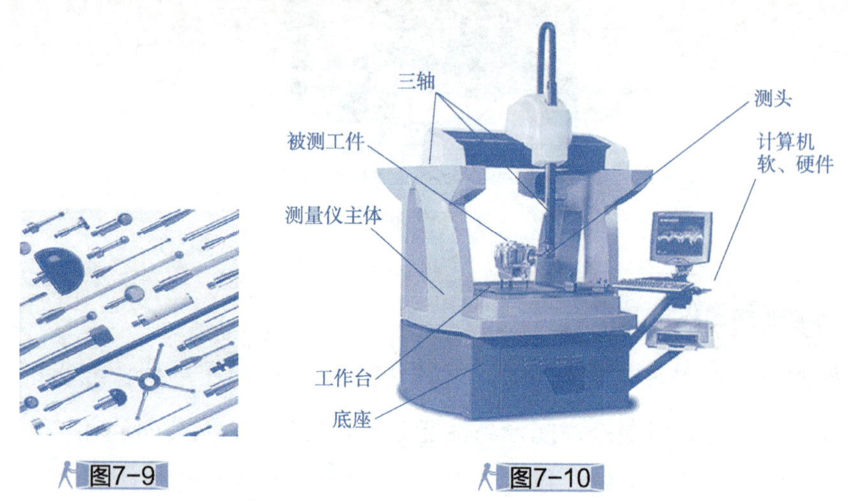

图7-9　　图7-10

四、三坐标测量仪结构类型

三坐标测量仪有多种结构形式，如活动桥式、固定桥式、高架桥式、水平臂式、关节臂式等。

1. 活动桥式

活动桥式测量仪是目前中小测量仪的主要结构形式，特点是承载能力较大，本身具有台面，受地基影响较小，敞开性好，视野开阔，装卸零件方便，运动速度快，精度比较高，如图7-11所示。

2. 固定桥式

固定桥式测量仪由于桥架固定，结构稳定，整体刚性好，中央驱动，偏摆小、误差小。以上特点使这种结构的测量仪精度非常高，是高精度和超高精度的测量仪的首选结构，如图7-10所示。

3. 高架桥式

高架桥式测量仪用于大型和超大型测量，适合于航空、航天、造船行业的大型零件或大型模具的测量。一般都采用双光栅、双驱动等技术提高精度，如图7-12所示。

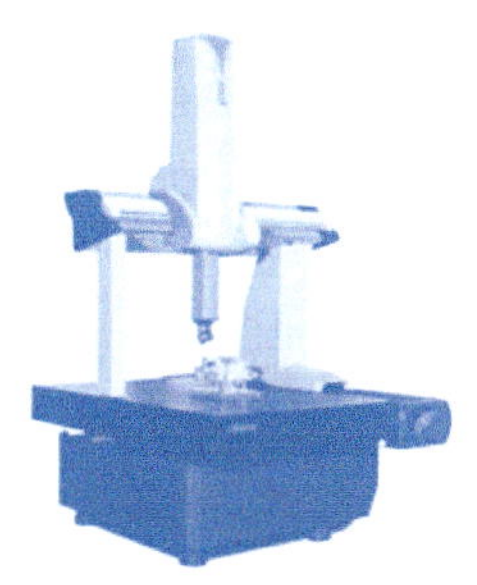

图7-11

图7-12

4. 水平臂式

水平臂式测量仪开敞性好，测量范围大，可以由两台机器共同组成双臂测量仪，尤其适合汽车工业钣金件的测量，如图7-13所示。

5. 关节臂式

关节臂式测量仪具有非常好的灵活性，适合携带到现场进行测量，对环境条件要求比较低，如图7-14所示。

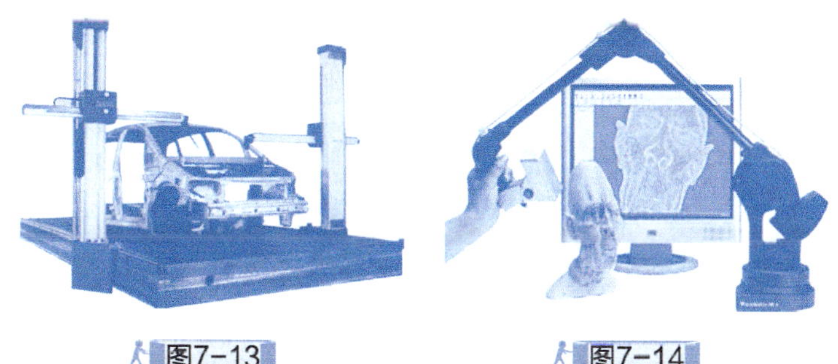

图7-13　　图7-14

任务实施

参观合作企业或学校实训基地的精密测量室，观察三坐标测量仪的工作过程，撰写一份包含结构组成、形式、工作原理以及能实现功能的三坐标测量仪的见习报告。

任务评价

根据三坐标测量仪的见习报告完成任务评价，见表7-3。

表7-3 三坐标测量仪见习报告评价表

<table>
<tr><td>姓名</td><td></td><td>见习地点</td><td></td><td>见习时间</td><td></td></tr>
<tr><td>见习内容
及体会</td><td colspan="5"></td></tr>
<tr><td colspan="6">见习报告评价</td></tr>
<tr><td colspan="4">对三坐标测量仪的结构、组成、原理、功能等描述清晰正确</td><td>等级：</td><td rowspan="3">综合评定等级</td></tr>
<tr><td colspan="4">对三坐标测量仪的工作过程描述条理清楚</td><td>等级：</td></tr>
<tr><td colspan="4">见习体会原创、发自内心</td><td>等级：</td></tr>
</table>

任务拓展

认识其他精密测量仪器

一、扭簧测微仪

如前所学的立式光学比较仪是用光学方法来实现被测量的变换和放大。那么，采用机械方法来实现被测量的变换和放大的计量器具即为机械式计量器具，如千分尺、百分表、杠杆齿轮式测微仪和扭簧测微仪等。其中杠杆齿轮式测微仪和扭簧测微仪属于机械式比较仪，常用在车间和计量室测量工件外径和厚度等。

如图7-15所示，扭簧测微仪的灵敏度很高，常见的分度值有1 μm、0.5 μm、0.2 μm和0.1 μm几种，最高可达0.02 μm。

二、立式测长仪

如图7-16所示，立式测长仪以直接测量和比较测量的方法测量量具和精密机械零件的尺寸。其测量范围为外尺寸0～200 mm，测量精度为0.5 μm。

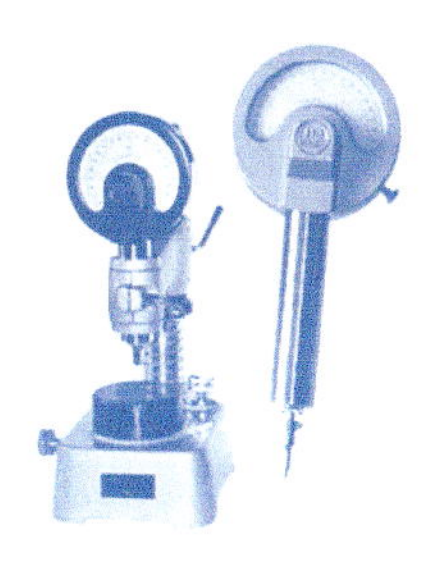

图7-15

图7-16

三、卧式测长仪

卧式测长仪又称为万能测长仪，是把测量座作卧式布置，测量轴线成水平方向的测长仪器。

如图7-17所示，万能测长仪主要用于各种圆柱形、球形、平行平面等精密零件的外形、内孔尺寸的直接测量和比较测量，亦可进行内外螺纹中径等特殊测量。其外尺寸测量范围为0～500 mm，内尺寸测量范围为1～200 mm，外螺纹测量≤180 mm，内螺纹测量范围为16～140 mm，直接测量范围为0～100mm，读数显微镜分度值为1 μm。

四、激光干涉测长仪

激光干涉测长仪采用激光器作为光源，以激光稳定的波长作基准，利用光波干涉原理实现大尺寸的精密测量，如图7-18所示。

图7-17

图7-18

五、工具显微镜

图7-19所示为万能工具显微镜测量轴径。它是采用光学成像投影原理，以测量被测工件的影像来代替对轴径的接触测量，因而测量中无测量力引起的测量误差。

工具显微镜可以对长度、角度等多种几何参数进行测量，特别是万能工具显微镜具有较大的测量范围和较高的测量精度，是一种常用的计量仪器。

工具显微镜分为小型、大型和万能工具显微镜。

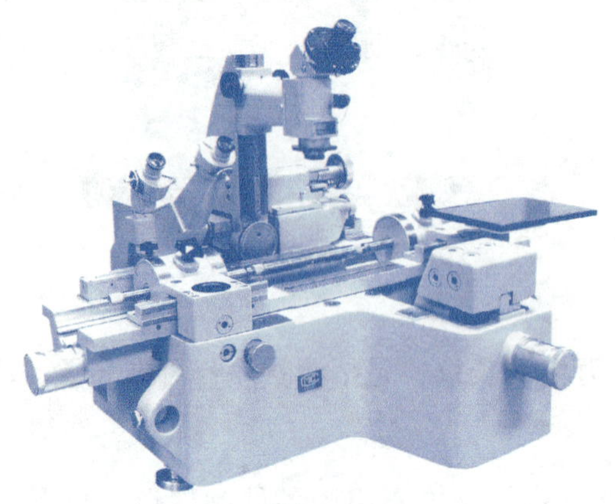

图7-19

项目总结

著名科学家钱学森先生曾指出："信息技术包括测量技术、计算机技术和通信技术。测量技术是关键和基础。"采用适度先进的信息化数字测量技术和产品来迅速提升装备制造业水平，是当前先进制造业一个重要的发展方向。现代测量技术需要服务于加工制造现场，测量与加工制造过程融合集成的新动向，需要我们不断地学习、提高。

项目评测

一、填空题

1. 立式光学比较仪是利用________与被测件________的方法来测量零件外形的微差尺寸。

2. ____________是一种具有可在三个相互垂直的导轨上移动的探测器。

3. 三坐标测量仪的硬件组成包括________、________、________等部分。

二、判断题

1. 用立式光学比较仪测量外径，测得的是外径的公称尺寸。（ ）

2. 用立式光学比较仪测量小于10 mm的圆柱面工件时，选用球形测头。（ ）

三、简答思考题

1. 简述立式光学比较仪的测量类型，有哪些应用场合？

2. 投影式立式光学比较仪在生产和检测中有哪些应用？

3. 量块使用有哪些注意事项？

4. 简述三坐标测量仪的功能。

5. 简述三坐标测量仪的工作原理。

6. 通过网上搜索，选择一种精密测量仪器，向同学介绍仪器的结构、功能、使用方法、维护保养注意事项等。

附　录

附表1　轴的基本偏差数值（摘自GB/T 1800.1—2009）　　（单位：μm）

公称尺寸/mm		基本偏差数值																														
		上极限偏差（es）												下极限偏差（ei）																		
大于	至	所有标准公差等级												IT5和IT6	IT7	IT8	IT4~IT7	≤IT3 >IT7	所有标准公差等级													
		a	b	c	cd	d	e	ef	f	fg	g	h	js	j			k		m	n	p	r	s	t	u	v	x	y	z	za	zb	zc
—	3	−270	−140	−60	−34	−20	−14	−10	−6	−4	−2	0	偏差=±ITn/2(式中ITn是IT值数)	−2	−4	−6	0	0	+2	+4	+6	+10	+14		+18		+20		+26	+32	+40	+60
3	6	−270	−140	−70	−46	−30	−20	−14	−10	−6	−4	0		−2	−4		+1	0	+4	+8	+12	+15	+19		+23		+28		+35	+42	+50	+80
6	10	−280	−150	−80	−56	−40	−25	−18	−13	−8	−5	0		−2	−5		+1	0	+6	+10	+15	+19	+23		+28		+34		+42	+52	+67	+97
10	14	−290	−150	−95		−50	−32		−16		−6	0		−3	−6		+1	0	+7	+12	+18	+23	+28		+33		+40		+50	+64	+90	+130
14	18																									+39	+45		+60	+77	+108	+150
18	24	−300	−160	−110		−65	−40		−20		−7	0		−4	−8		+2	0	+8	+15	+22	+28	+35		+41	+47	+54	+63	+73	+98	+136	+188
24	30																							+41	+48	+55	+64	+75	+88	+118	+160	+218
30	40	−310	−170	−120		−80	−50		−25		−9	0		−5	−10		+2	0	+9	+17	+26	+34	+43	+48	+60	+68	+80	+94	+112	+148	+200	+274
40	50	−320	−180	−130																				+54	+70	+81	+97	+114	+136	+180	+242	+325
50	65	−340	−190	−140		−100	−60		−30		−10	0		−7	−12		+2	0	+11	+20	+32	+41	+53	+66	+87	+102	+122	+144	+172	+226	+300	+405
65	80	−360	−200	−150																		+43	+59	+75	+102	+120	+146	+174	+210	+274	+360	+480
80	100	−380	−220	−170		−120	−72		−36		−12	0		−9	−15		+3	0	+13	+23	+37	+51	+71	+91	+124	+146	+178	+214	+258	+335	+445	+585
100	120	−410	−240	−180																		+54	+79	+104	+144	+172	+210	+256	+310	+400	+525	+690
120	140	−460	−260	−200		−145	−85		−43		−14	0		−11	−18		+3	0	+15	+27	+43	+63	+92	+122	+170	+202	+248	+300	+365	+470	+620	+800
140	160	−520	−280	−210																		+65	+100	+134	+190	+228	+280	+340	+415	+535	+700	+900
160	180	−580	−310	−230																		+68	+108	+146	+210	+252	+310	+380	+465	+600	+780	+1000
180	200	−660	−340	−240		−170	100		−50		−15	0		−13	−21		+4	0	+17	+31	+50	+77	+122	+166	+236	+284	+350	+425	+520	+670	+880	+1150
200	225	−740	−380	−260																		+80	+130	+180	+258	+310	+385	+470	+575	+740	+960	+1250
225	250	−820	−420	−280																		+84	+140	+196	+284	+340	+425	+520	+640	+820	+1050	+1350
250	280	−920	−480	−300		−190	−110		−56		−17	0		−16	−26		+4	0	+20	+34	+56	+94	+158	+218	+315	+385	+475	+580	+710	+920	+1200	+1550

（续）

公称尺寸/mm		基本偏差数值																														
		上极限偏差（es）												下极限偏差（ei）																		
大于	至	所有标准公差等级												IT5和IT6	IT7	IT8	IT4～IT7	≤IT3 >IT7	所有标准公差等级													
		a	b	c	cd	d	e	ef	f	fg	g	h	js	j			k		m	n	p	r	s	t	u	v	x	y	z	za	zb	zc
280	315	-1050	-540	-330		-190	-110		-56		-17	0	偏差=±IT_n/2（式中IT_n是IT值数）	-16	-26		+4	0	+20	+34	+56	+98	+170	+240	+350	+425	+525	+650	+790	+1000	+1300	+1700
315	355	-1200	-600	-360		-210	-125		-62		-18	0		-18	-28		+4	0	+21	+37	+62	+108	+190	+268	+390	+475	+590	+730	+900	+1150	+1500	+1900
355	400	-1350	-680	-400								0										+114	+208	+294	+435	+530	+660	+820	+1000	+1300	+1650	+2100
400	450	-1500	-760	-440		-230	-135		-68		-20	0		-20	-32		+5	0	+23	+40	+68	+126	+232	+330	+490	+595	+740	+920	+1100	+1450	+1850	+2400
450	500	-1650	-840	-480								0										+132	+252	+360	+540	+660	+820	+1000	+1250	+1600	+2100	+2600
500	560					-260	-145		-76		-22	0					0	0	+26	+44	+78	+150	+280	+400	+600							
560	630											0										+155	+310	+450	+660							
630	710					-290	-160		-80		-24	0					0	0	+30	+50	+88	+175	+340	+500	+740							
710	800											0										+185	+380	+560	+840							
800	900					-320	-170		-86		-26	0					0	0	+34	+56	+100	+210	+430	+620	+940							
900	1000											0										+220	+470	+680	+1050							
1000	1120					-350	-195		-98		-28	0					0	0	+40	+66	+120	+250	+520	+780	+1150							
1120	1250											0										+260	+580	+840	+1300							
1250	1400					-390	-220		-110		-30	0					0	0	+48	+78	+140	+300	+640	+940	+1450							
1400	1600											0										+330	+720	+1050	+1600							
1600	1800					-430	-240		-120		-32	0					0	0	+58	+92	+170	+370	+820	+1200	+1850							
1800	2000											0										+400	+920	+1350	+2000							
2000	2240					-480	-260		-130		-34	0					0	0	+68	+110	+195	+440	+1000	+1500	+2300							
2240	2500											0										+460	+1100	+1650	+2500							
2500	2800					-520	-290		-145		-38	0					0	0	+76	+135	+240	+550	+1250	+1900	+2900							
2800	3150											0										+580	+1400	+2100	+3200							

注：公称尺寸小于或等于1mm时，基本偏差a和b均不采用。公差带js7～js11，若IT_n值数是奇数，则取偏差=±$\frac{IT_n-1}{2}$。

附表2　孔的基本偏差数值（摘自GB/T 1800.1—2009）　（单位：μm）

公称尺寸/mm		基本偏差数值																								
		下极限偏差（EI）												上极限偏差（ES）												
		所有标准公差等级												IT6	IT7	IT8	≤IT8	>IT8	≤IT8	>IT8	≤IT8	>IT8	≤IT7	标准公差等级大于IT7	
大于	至	A	B	C	CD	D	E	EF	F	FG	G	H	JS	J			K		M		N		P至ZC	P	R
—	3	+270	+140	+60	+34	+20	+14	+10	+6	+4	+2	0	偏差=±IT_n/2(式中IT_n是IT值数)	+2	+4	+6	0	0	−2	−2	−4	−4	在大于IT7的相应数值上增加一个Δ值	−6	−10
3	6	+270	+140	+70	+46	+30	+20	+14	+10	+6	+4	0		+5	+6	+10	−1+Δ		−4+Δ	−4	−8+Δ	0		−12	−15
6	10	+280	+150	+80	+56	+40	+25	+18	+13	+8	+5	0		+5	+8	+12	−1+Δ		−6+Δ	−6	−10+Δ	0		−15	−19
10	14	+290	+150	+95		+50	+32		+16		+6	0		+6	+10	+15	−1+Δ		−7+Δ	−7	−12+Δ	0		−18	−23
14	18																								
18	24	+300	+160	+110		+65	+40		+20		+7	0		+8	+12	+20	−2+Δ		−8+Δ	−8	−15+Δ	0		−22	−28
24	30																								
30	40	+310	+170	+120		+80	+50		+25		+9	0		+10	+14	+24	−2+Δ		−9+Δ	−9	−17+Δ	0		−26	−34
40	50	+320	+180	+130																					
50	65	+340	+190	+140		+100	+60		+30		+10	0		+13	+18	+28	−2+Δ		−11+Δ	−11	−20+Δ	0		−32	−41
65	80	+360	+200	+150																					−43
80	100	+380	+220	+170		+120	+72		+36		+12	0		+16	+22	+34	−3+Δ		−13+Δ	−13	−23+Δ	0		−37	−51
100	120	+410	+240	+180																					−54
120	140	+460	+260	+200		+145	+85		+43		+14	0		+18	+26	+41	−3+Δ		−15+Δ	−15	−27+Δ	0		−43	−63
140	160	+520	+280	+210																					−65
160	180	+580	+310	+230																					−68
180	200	+660	+340	+240		+170	+100		+50		+15	0		+22	+30	+47	−4+Δ		−17+Δ	−17	−31+Δ	0		−50	−77
200	225	+740	+380	+260																					−80
225	250	+820	+420	+280																					−84
250	280	+920	+480	+300		+190	+110		+56		+17	0		+25	+36	+55	−4+Δ		−20+Δ	−20	−34+Δ	0		−56	−94
280	315	+1050	+540	+330																					−98

（续）

公称尺寸/mm		基本偏差数值 上极限偏差（ES） 标准公差等级大于IT7										Δ值 标准公差等级					
大于	至	S	T	U	V	X	Y	Z	ZA	ZB	ZC	IT3	IT4	IT5	IT6	IT7	IT8
—	3	−14		−18		−20		−26	−32	−40	−60	0	0	0	0	0	0
3	6	−19		−23		−28		−35	−42	−50	−80	1	1.5	1	3	4	6
6	10	−23		−28		−34		−42	−52	−67	−97	1	1.5	2	3	6	7
10	14	−28		−33		−40		−50	−64	−90	−130	1	2	3	3	7	9
14	18				−39	−45		−60	−77	−108	−150						
18	24	−35		−41	−47	−54	−63	−73	−98	−136	−188	1.5	2	3	4	8	12
24	30		−41	−48	−55	−64	−75	−88	−118	−160	−218						
30	40	−43	−48	−60	−68	−80	−94	−112	−148	−200	−274	1.5	3	4	5	9	14
40	50		−54	−70	−81	−97	−114	−136	−180	−242	−325						
50	65	−53	−66	−87	−102	−122	−144	−172	−226	−300	−405	2	3	5	6	11	16
65	80	−59	−75	−102	−120	−146	−174	−210	−274	−360	−480						
80	100	−71	−91	−124	−146	−178	−214	−258	−335	−445	−585	2	4	5	7	13	19
100	120	−79	−104	−144	−172	−210	−256	−310	−400	−525	−690						
120	140	−92	−122	−170	−202	−248	−300	−365	−470	−620	−800	3	4	6	7	15	23
140	160	−100	−134	−190	−228	−280	−340	−415	−535	−700	−900						
160	180	−108	−146	−210	−252	−310	−380	−465	−600	−780	−1000						
180	200	−122	−166	−236	−284	−350	−425	−520	−670	−880	−1150	3	4	6	9	17	26
200	225	−130	−180	−258	−310	−385	−470	−575	−740	−960	−1250						
225	250	−140	−196	−284	−340	−425	−520	−640	−820	−1050	−1350						
250	280	−158	−218	−315	−385	−475	−580	−710	−920	−1200	−1550	4	4	7	9	20	29
280	315	−170	−240	−350	−425	−525	−650	−790	−1000	−1300	−1700						

（续）

公称尺寸/mm		基本偏差数值																							
		下极限偏差（EI）												上极限偏差（ES）											
大于	至	所有标准公差等级												IT6	IT7	IT8	≤IT8	>IT8	≤IT8	>IT8	≤IT8	>IT8	≤IT7	标准公差等级大于IT7	
		A	B	C	CD	D	E	EF	F	FG	G	H	JS	J			K		M		N		P至ZC	P	R
315	355	+1200	+600	+360		+210	+125		+62		+18	0	偏差=±IT_n/2(式中IT_n是IT值数)	+29	+39	+60	−4+Δ		−21+Δ	−21	−37+Δ	0	在大于IT7的相应数值上增加一个Δ值	−62	−108
355	400	+1350	+680	+400																					−114
400	450	+1500	+760	+440		+230	+135		+68		+20	0		+33	+43	+66	−5+Δ		−23+Δ	−23	−40+Δ	0		−68	−126
450	500	+1650	+840	+480																					−132
500	560					+260	+145		+76		+22	0					0		−26		−44			−78	−150
560	630																								−155
630	710					+290	+160		+80		+24	0					0		−30		−50			−88	−175
710	800																								−185
800	900					+320	+170		+86		+26	0					0		−34		−56			−100	−210
900	1000																								−220
1000	1120					+350	+195		+98		+28	0					0		−40		−66			−120	−250
1120	1250																								−260
1250	1400					+390	+220		+110		+30	0					0		−48		−78			−140	−300
1400	1600																								−330
1600	1800					+430	+240		+120		+32	0					0		−58		−92			−170	−370
1800	2000																								−400
2000	2240					+480	+260		+130		+34	0					0		−68		−110			−195	−440
2240	2500																								−460
2500	2800					+520	+290		+145		+38	0					0		−76		−135			−240	−550
2800	3150																								−580

（续）

公称尺寸/mm		基本偏差数值 上极限偏差（ES） 标准公差等级大于IT7										Δ值 标准公差等级					
大于	至	S	T	U	V	X	Y	Z	ZA	ZB	ZC	IT3	IT4	IT5	IT6	IT7	IT8
315	355	−190	−268	−390	−475	−590	−730	−900	−1150	−1500	−1900	4	5	7	11	21	32
355	400	−208	−294	−435	−530	−660	−820	−1000	−1300	−1650	−2100						
400	450	−232	−330	−490	−595	−740	−920	−1100	−1450	−1850	−2400	5	5	7	13	23	34
450	500	−252	−360	−540	−660	−820	−1000	−1250	−1600	−2100	−2600						
500	560	−280	−400	−600													
560	630	−310	−450	−660													
630	710	−340	−500	−740													
710	800	−380	−560	−840													
800	900	−430	−620	−940													
900	1000	−470	−680	−1050													
1000	1120	−520	−780	−1150													
1120	1250	−580	−840	−1300													
1250	1400	−640	−940	−1450													
1400	1600	−720	−1050	−1600													
1600	1800	−820	−1200	−1850													
1800	2000	−920	−1350	−2000													
2000	2240	−1000	−1500	−2300													
2240	2500	−1100	−1650	−2500													
2500	2800	−1250	−1900	−2900													
2800	3150	−1400	−2100	−3200													

注：1. 公称尺寸小于或等于1mm时，基本偏差A和B及大于IT8的N均不采用。公差带JS7～JS11，若IT_n值数是奇数，则取偏差$=\pm\frac{IT_n-1}{2}$。

2. 对于小于或等于IT8的K、M、N和小于或等于IT7的P～ZC，所需Δ值从表内右侧选取。

附表3　轴的极限偏差数值（摘自GB/T 1800.2—2009）　（单位：μm）

公称尺寸/mm		公差带														
		a		b			c					d				
大于	至	10	11	10	11	12	8	9	10	11	12	7	8	9	10	11
—	3	-270 -310	-270 -330	-140 -180	-140 -200	-140 -240	-60 -74	-60 -85	-60 -100	-60 -120	-60 -160	-20 -30	-20 -34	-20 -45	-20 -60	-20 -80
3	6	-270 -318	-270 -345	-140 -188	-140 -215	-140 -260	-70 -88	-70 -100	-70 -118	-70 -145	-70 -190	-30 -42	-30 -48	-30 -60	-30 -78	-30 -105
6	10	-280 -338	-280 -370	-150 -208	-150 -240	-150 -300	-80 -102	-80 -116	-80 -138	-80 -170	-80 -230	-40 -55	-40 -62	-40 -76	-40 -98	-40 -130
10 14	14 18	-290 -360	-290 -400	-150 -220	-150 -260	-150 -330	-95 -122	-95 -138	-95 -165	-95 -205	-95 -275	-50 -68	-50 -77	-50 -93	-50 -120	-50 -160
18 24	24 30	-300 -384	-300 -430	-160 -244	-160 -290	-160 -370	-110 -143	-110 -162	-110 -194	-110 -240	-110 -320	-65 -86	-65 -98	-65 -117	-65 -149	-65 -195
30	40	-310 -410	-310 -470	-170 -270	-170 -330	-170 -420	-120 -159	-120 -182	-120 -220	-120 -280	-120 -370	-80 -105	-80 -119	-80 -142	-80 -180	-80 -240
40	50	-320 -420	-320 -480	-180 -280	-180 -340	-180 -430	-130 -169	-130 -192	-130 -230	-130 -290	-130 -380					
50	65	-340 -460	-340 -530	-190 -310	-190 -380	-190 -490	-140 -186	-140 -214	-140 -260	-140 -330	-140 -440	-100 -130	-100 -146	-100 -174	-100 -220	-100 -290
65	80	-360 -480	-360 -550	-200 -320	-200 -390	-200 -500	-150 -196	-150 -224	-150 -270	-150 -340	-150 -450					
80	100	-380 -520	-380 -600	-220 -360	-220 -440	-220 -570	-170 -224	-170 -257	-170 -310	-170 -390	-170 -520	-120 -155	-120 -174	-120 -207	-120 -260	-120 -340
100	120	-110 -550	-410 -630	-240 -380	-240 -460	-240 -590	-180 -234	-180 -267	-180 -320	-180 -400	-180 -530					
120	140	-460 -620	-460 -710	-260 -420	-260 -510	-260 -660	-200 -263	-200 -300	-200 -360	-200 -450	-200 -600	-145 -185	-145 -208	-145 -245	-145 -305	-145 -395
140	160	-520 -680	-520 -770	-280 -440	-280 -530	-280 -680	-210 -273	-210 -310	-210 -370	-210 -460	-210 -610					
160	180	-580 -740	-580 -830	-310 -470	-310 -560	-310 -710	-230 -293	-230 -330	-230 -390	-230 -480	-230 -630					
180	200	-660 -845	-660 -950	-340 -525	-340 -630	-340 -800	-240 -312	-240 -355	-240 -425	-240 -530	-240 -700	-170 -216	-170 -242	-170 -285	-170 -355	-170 -460
200	225	-740 -925	-740 -1030	-380 -565	-380 -670	-380 -840	-260 -332	-260 -375	-260 -445	-260 -550	-260 -720					
225	250	-820 -1005	-820 -1110	-420 -605	-420 -710	-420 -880	-280 -352	-280 -395	-280 -465	-280 -270	-280 -740					
250	280	-920 -1130	-920 -1240	-480 -690	-480 -800	-480 -1000	-300 -381	-300 -430	-300 -510	-300 -620	-300 -820	190 -242	190 -271	-190 -320	-190 -400	-190 -510
280	315	-1050 -1260	-1050 -1370	-540 -750	-540 -860	-540 -1060	-330 -411	-330 -460	-330 -540	-330 -650	-330 -850					
315	355	-1200 -1430	-1200 -1560	-600 -830	-600 -960	-600 -1170	-360 -449	-360 -500	-360 -590	-360 -720	-360 -930	-210 -267	-210 -299	-210 -350	-210 -440	-210 -570
355	400	-1350 -1580	-1350 -1710	-680 -910	-680 -1040	-680 -1250	-400 -489	-400 -540	-400 -630	-400 -760	-400 -970					
400	450	-1500 -1750	-1500 -1900	-760 -1010	-760 -1160	-760 -1390	-440 -537	-440 -595	-440 -690	-440 -840	-440 -1070	-230 -293	-230 -327	-230 -385	-230 -480	-230 -630
450	500	-1650 -1900	-1650 -2050	-840 -1090	-840 -1240	-840 -1470	-480 -577	-480 -635	-480 -730	-480 -880	-480 -1110					

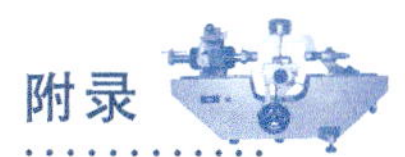

（续）

公称尺寸/mm		公差带														
		h							j			js				
大于	至	7	8	9	10	11	12	13	5	6	7	5	6	7	8	9
—	3	0 −10	0 −14	0 −25	0 −40	0 −60	0 −100	0 −140	±2	+4 −2	+6 −4	±2	±3	±5	±7	±12
3	6	0 −12	0 −18	0 −30	0 −48	0 −75	0 −120	0 −180	+3 −2	+6 −2	+8 −4	±2.5	±4	±6	±9	±15
6	10	0 −15	0 −22	0 −36	0 −58	0 −90	0 −150	0 −220	+4 −2	+7 −2	+10 −5	±3	±4.5	±7	±11	±18
10	14	0 −18	0 −27	0 −43	0 −70	0 −110	0 −180	0 −270	+5 −3	+8 −3	+12 −6	±4	±5.5	±9	±13	±21
14	18															
18	24	0 −21	0 −33	0 −52	0 −84	0 −130	0 −210	0 −330	+5 −4	+9 −4	+13 −8	±4.5	±6.5	±10	±16	±26
24	30															
30	40	0 −25	0 −39	0 −62	0 −100	0 −160	0 −250	0 −390	+6 −5	+11 −5	+15 −10	±5.5	±8	±12	±19	±31
40	50															
50	65	0 −30	0 −46	0 −74	0 −120	0 −190	0 −300	0 −460	+6 −7	+12 −7	+18 −12	±6.5	±9.5	±15	±23	±37
65	80															
80	100	0 −35	0 −54	0 −87	0 −140	0 −220	0 −350	0 −540	+6 −9	+13 −9	+20 −15	±7.5	±11	±17	±27	±43
100	120															
120	140	0 −40	0 −63	0 −100	0 −160	0 −250	0 −400	0 −630	+7 −11	+14 −11	+22 −18	±9	±12.5	±20	±31	±50
140	160															
160	180															
180	200	0 −46	0 −72	0 −115	0 −185	0 −290	0 −460	0 −720	+7 −13	+16 −13	+25 −21	±10	±14.5	±23	±36	±57
200	225															
225	250															
250	280	0 −52	0 −81	0 −130	0 −210	0 −320	0 −520	0 −810	+7 −16	±16	±26	±11.5	±16	±26	±40	±65
280	315															
315	355	0 −57	0 −89	0 −140	0 −230	0 −360	0 −570	0 −890	+7 −18	±18	+29 −28	±12.5	±18	±28	±44	±70
355	400															
400	500	0 −63	0 −97	0 −155	0 −250	0 −400	0 −630	0 −970	+7 −20	±20	+31 −32	±13.5	±20	±31	±48	±77

公称尺寸/mm		公差带														
		js	k			m			n			p			r	
大于	至	10	5	6	7	5	6	7	5	6	7	5	6	7	5	6
—	3	±20	4	+6	+10	+6	+8	+12	+8	+10	+14	+10	+12	+16	+14	+16
			0	0	0	+2	+2	+2	+4	+4	+4	+6	+6	+6	+10	+10
3	6	±24	+6	+9	+13	+9	+12	+16	+13	+16	+20	+17	+20	+24	+20	+23
			+1	+1	+1	+4	+4	+4	+8	+8	+8	+12	+12	+12	+15	+15
6	10	±29	+7	+10	+16	+12	+15	+21	+16	+19	+25	+21	+24	+30	+25	+28
			+1	+1	+1	+6	+6	+6	+10	+10	+10	+15	+15	+15	+19	+19
10	14	±35	+9	+12	+19	+15	+18	+25	+20	+23	+30	+26	+29	+36	+31	+34
14	18		+1	+1	+1	+7	+7	+7	+12	+12	+12	+18	+18	+18	+23	+23
18	24	±42	+11	+15	+23	+17	+21	+29	+24	+28	+36	+31	+35	+43	+37	+41
24	30		+2	+2	+2	+8	+8	+8	+15	+15	+15	+22	+22	+22	+28	+28
30	40	±50	+13	+18	+27	+20	+25	+34	+28	+33	+42	+37	+42	+51	+45	+50
40	50		+2	+2	+2	+9	+9	+9	+17	+17	+17	+26	+26	+26	+34	+34

（续）

公称尺寸/mm		公差带														
		js	k			m			n			p			r	
大于	至	10	5	6	7	5	6	7	5	6	7	5	6	7	5	6
50	65	± 60	+15 +2	+21 +2	+32 +2	+24 +11	+30 +11	+41 +11	+33 +20	+39 +20	+50 +20	+45 +32	+51 +32	+62 +32	+54 +41	+60 +41
65	80														+56 +43	+62 +43
80	100	± 70	+18 +3	+25 +3	+38 +3	+28 +13	+35 +13	+48 +13	+38 +23	+45 +23	+58 +23	+52 +37	+59 +37	+72 +37	+66 +51	+73 +51
100	120														+69 +54	+76 +54
120	140	± 80	+21 +3	+28 +3	+43 +3	+33 +15	+40 +15	+55 +15	+45 +27	+52 +27	+67 +27	+61 +43	+68 +43	+83 +43	+81 +63	+88 +63
140	160														+83 +65	+90 +65
160	180														+86 +68	+93 +68
180	200	± 92	+24 +4	+33 +4	+50 +4	+37 +17	+46 +17	+63 +17	+51 +31	+60 +31	+77 +31	+70 +50	+79 +50	+96 +50	+97 +77	+106 +77
200	225														+100 +80	+109 +80
225	250														+104 +84	+113 +84
250	280	± 105	+27 +4	+36 +4	+56 +4	+43 +20	+52 +20	+72 +20	+57 +34	+66 +34	+86 +34	+79 +56	+88 +56	+108 +56	+117 +94	+126 +94
280	315														+121 +98	+130 +98
315	355	± 115	+29 +4	+40 +4	+61 +4	+46 +21	+57 +21	+78 +21	+62 +37	+73 +37	+94 +37	+87 +62	+98 +62	+119 +62	+133 +108	+144 +108
355	400														+139 +114	+150 +114
400	450	± 125	+32 +5	+45 +5	+68 +5	+50 +23	+63 +23	+86 +23	+67 +40	+80 +40	+103 +40	+98 +68	+108 +68	+131 +68	+153 +126	+166 +126
450	500														+159 +132	+172 +132

公称尺寸/mm		公差带														
		r	s			t			u				v	x	y	z
大于	至	7	5	6	7	5	6	7	5	6	7	8	6	6	6	6
—	3	+20 +10	+18 +14	+20 +14	+24 +14				+22 +18	+24 +18	+28 +18	+32 +18		+26 +20		+32 +26
3	6	+27 +15	+24 +19	+27 +19	+31 +19				+28 +23	+31 +23	+35 +23	+41 +23		+36 +28		+43 +35
6	10	+34 +19	+29 +23	+32 +23	+38 +23				+34 +28	+37 +28	+43 +28	+50 +28		+43 +34		+51 +42

（续）

公称尺寸/mm		公差带														
		r	s			t			u				v	x	y	z
大于	至	7	5	6	7	5	6	7	5	6	7	8	6	6	6	6
10	14	+41 +23	+36 +28	+39 +28	+46 +28				+41 +33	+44 +33	+51 +33	+60 +33		+51 +40		+61 +50
14	18												+50 +39	+56 +45		+71 +60
18	24	+49 +28	+44 +35	+48 +35	+56 +35				+50 +41	+54 +41	+62 +41	+74 +41	+60 +47	+67 +54	+76 +63	+86 +73
24	30					+50 +41	+54 +41	+62 +41	+57 +48	+61 +48	+69 +48	+81 +48	+68 +55	+77 +64	+88 +75	+101 +88
30	40	+59 +34	+54 +43	+59 +43	+68 +43	+59 +48	+64 +48	+73 +48	+71 +60	+76 +60	+85 +60	+99 +60	+84 +68	+96 +80	+110 +94	+128 +112
40	50					+65 +54	+70 +54	+79 +54	+81 +70	+86 +70	+95 +70	+109 +70	+97 +81	+113 +97	+130 +114	+152 +136
50	65	+71 +41	+66 +53	+72 +53	+83 +53	+79 +66	+85 +66	+96 +66	+100 +87	+106 +87	+117 +87	+133 +87	+121 +102	+141 +122	+163 +144	+191 +172
65	80	+72 +43	+72 +59	+78 +59	+89 +59	+88 +75	+94 +75	+105 +75	+115 +102	+121 +102	+132 +102	+148 +102	+139 +120	+165 +146	+193 +174	+229 +210
80	100	+86 +51	+86 +71	+93 +71	+106 +71	+106 +91	+113 +91	+126 +91	+139 +124	+146 +124	+159 +124	+178 +124	+168 +146	+200 +178	+236 +214	+280 +258
100	120	+89 +54	+94 +79	+101 +79	+114 +79	+119 +104	+126 +104	+139 +104	+159 +144	+166 +144	+179 +144	+198 +144	+194 +172	+232 +210	+276 +254	+332 +310
120	140	+103 +63	+110 +92	+117 +92	+132 +92	+140 +122	+147 +122	+162 +122	+188 +170	+195 +170	+210 +170	+233 +170	+227 +202	+273 +248	+325 +300	+390 +365
140	160	+105 +65	+118 +100	+125 +100	+140 +100	+152 +134	+159 +134	+174 +134	+208 +190	+215 +190	+230 +190	+253 +190	+253 +228	+305 +280	+365 +340	+440 +415
160	180	+108 +68	+126 +108	+133 +108	+148 +108	+164 +146	+171 +146	+186 +146	+228 +210	+235 +210	+250 +210	+273 +210	+277 +252	+335 +310	+405 +380	+490 +465
180	200	+123 +77	+142 +122	+151 +122	+168 +122	+186 +166	+195 +166	+212 +166	+256 +236	+265 +236	+282 +236	+308 +236	+313 +284	+379 +350	+454 +425	+549 +520
200	225	+126 +80	+150 +130	+159 +130	+176 +130	+200 +180	+209 +180	+226 +180	+278 +258	+287 +258	+304 +258	+330 +258	+339 +310	+414 +385	+499 +470	+604 +575
225	250	+130 +84	+160 +140	+169 +140	+186 +140	+216 +196	+225 +196	+242 +196	+304 +284	+313 +284	+330 +284	+356 +284	+369 +340	+454 +425	+549 +520	+669 +640
250	280	+146 +94	+181 +158	+190 +158	+210 +158	+241 +218	+250 +218	+270 +218	+338 +315	+347 +315	+367 +315	+396 +315	+417 +385	+507 +475	+612 +580	+742 +710
280	315	+150 +98	+193 +170	+202 +170	+222 +170	+263 +240	+272 +240	+292 +240	+373 +350	+382 +350	+402 +350	+431 +350	+457 +425	+557 +525	+682 +650	+822 +790
315	355	+165 +108	+215 +190	+226 +190	+247 +190	+293 +268	+304 +268	+325 +268	+415 +390	+426 +390	+447 +390	+479 +390	+511 +475	+626 +590	+766 +730	+936 +900
355	400	+171 +114	+233 +208	+244 +208	+265 +208	+319 +294	+330 +294	+351 +294	+460 +435	+471 +435	+492 +435	+524 +435	+566 +530	+696 +660	+856 +820	+1036 +1000
400	450	+189 +126	+259 +232	+272 +232	+295 +232	+357 +330	+370 +330	+393 +330	+517 +490	+530 +490	+553 +490	+587 +490	+635 +595	+780 +740	+960 +920	+1140 +1100
450	500	+195 +132	+279 +252	+292 +252	+315 +252	+387 +360	+400 +360	+423 +360	+567 +540	+580 +540	+603 +540	+637 +540	+700 +660	+860 +820	+1040 +1000	+1290 +1250

注：公称尺寸小于1mm时，各级的a和b均不采用。

附表4　孔的极限偏差数值（摘自GB/T 1800.2—2009）　（单位：μm）

公称尺寸/mm		公差带														
		A	B		C			D					E			F
大于	至	10	11	12	10	11	12	7	8	9	10	11	8	9	10	6
—	3	+330 +270	+200 +140	+240 +140	+100 +60	+120 +60	+160 +60	+30 +20	+34 +20	+45 +20	+60 +20	+80 +20	+28 +14	+39 +14	+54 +14	+12 +6
3	6	+345 +270	+215 +140	+260 +140	+118 +70	+145 +70	+190 +70	+42 +30	+48 +30	+60 +30	+78 +30	+105 +30	+38 +20	+50 +20	+68 +20	+18 +10
6	10	+370 +280	+240 +150	+300 +150	+138 +80	+170 +80	+230 +80	+55 +40	+62 +40	+76 +40	+98 +40	+130 +40	+47 +25	+61 +25	+83 +25	+22 +13
10	14	+400 +290	+260 +150	+330 +150	+165 +95	+205 +95	+275 +95	+68 +50	+77 +50	+93 +50	+120 +50	+160 +50	+59 +32	+75 +32	+102 +32	+27 +16
14	18															
18	24	+430 +300	+290 +160	+370 +160	+194 +110	+240 +110	+320 +110	+86 +65	+98 +65	+117 +65	+149 +65	+195 +65	+73 +40	+92 +40	+124 +40	+33 +20
24	30															
30	40	+470 +310	+330 +170	+420 +170	+220 +120	+280 +120	+370 +120	+105 +80	+119 +80	+142 +80	+180 +80	+240 +80	+89 +50	+112 +50	+150 +50	+41 +25
40	50	+480 +320	+340 +180	+430 +180	+230 +130	+290 +130	+380 +130									
50	65	+530 +340	+380 +190	+490 +190	+260 +140	+330 +140	+440 +140	+130 +100	+146 +100	+174 +100	+220 +100	+290 +100	+106 +60	+134 +60	+180 +60	+49 +30
65	80	+550 +360	+390 +200	+500 +200	+270 +150	+340 +150	+450 +150									
80	100	+600 +380	+440 +220	+570 +220	+310 +170	+390 +170	+520 +170	+155 +120	+174 +120	+207 +120	+260 +120	+340 +120	+126 +72	+159 +72	+212 +72	+58 +36
100	120	+630 +410	+460 +240	+590 +240	+320 +180	+400 +180	+530 +180									
120	140	+710 +460	+510 +260	+660 +260	+360 +200	+450 +200	+600 +200	+185 +145	+208 +145	+245 +145	+305 +145	+395 +145	+148 +85	+185 +85	+245 +85	+68 +43
140	160	+770 +520	+530 +280	+680 +280	+370 +210	+460 +210	+610 +210									
160	180	+830 +580	+560 +310	+710 +310	+390 +230	+480 +230	+630 +230									
180	200	+950 +660	+630 +340	+800 +340	+425 +240	+530 +240	+700 +240	+216 +170	+242 +170	+285 +170	+355 +170	+460 +170	+172 +100	+215 +100	+285 +100	+79 +50
200	225	+1030 +740	+670 +380	+840 +380	+445 +260	+550 +260	+720 +260									
225	250	+1110 +820	+710 +420	+880 +420	+465 +280	+570 +280	+740 +280									
250	280	+1240 +920	+800 +480	+1000 +480	+510 +300	+620 +300	+820 +300	+242 +190	+271 +190	+320 +190	+400 +190	+510 +190	+191 +110	+240 +110	+320 +110	+88 +56
280	315	+1370 +1050	+860 +540	+1060 +540	+540 +330	+650 +330	+850 +300									
315	355	+1560 +1200	+960 +600	+1170 +600	+590 +360	+720 +360	+930 +360	+267 +210	+299 +210	+350 +210	+440 +210	+570 +210	+214 +125	+265 +125	+355 +125	+98 +62
355	400	+1710 +1350	+1040 +680	+1250 +680	+630 +400	+760 +400	+970 +400									
400	450	+1900 +1500	+1160 +760	+1390 +760	+690 +440	+840 +440	+1070 +440	+293 +230	+327 +230	+385 +230	+480 +230	+630 +230	+232 +135	+290 +135	+385 +135	+108 +68
450	500	+2050 +1650	+1240 +840	+1470 +840	+730 +480	+880 +480	+1110 +480									

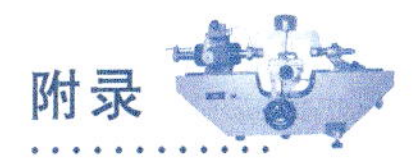

（续）

公称尺寸/mm		公差带														
		F			G			H								
大于	至	7	8	9	5	6	7	5	6	7	8	9	10	11	12	13
—	3	+16 +6	+20 +6	+31 +6	+6 +2	+8 +2	+12 +2	+4 0	+6 0	+10 0	+14 0	+25 0	+40 0	+60 0	+100 0	+140 0
3	6	+22 +10	+28 +10	+40 +10	+9 +4	+12 +4	+16 +4	+5 0	+8 0	+12 0	+18 0	+30 0	+48 0	+75 0	+120 0	+180 0
6	10	+28 +13	+35 +13	+49 +13	+11 +5	+14 +5	+20 +5	+6 0	+9 0	+15 0	+22 0	+36 0	+58 0	+90 0	+150 0	+220 0
10 14	14 18	+34 +16	+43 +16	+59 +16	+14 +6	+17 +6	+24 +6	+8 0	+11 0	+18 0	+27 0	+43 0	+70 0	+110 0	+180 0	+270 0
18 24	24 30	+41 +20	+53 +20	+72 +29	+16 +7	+20 +7	+28 +7	+9 0	+13 0	+21 0	+33 0	+52 0	+84 0	+130 0	+210 0	+330 0
30 40	40 50	+50 +25	+64 +25	+87 +25	+20 +9	+25 +9	+34 +9	+11 0	+16 0	+25 0	+39 0	+62 0	+100 0	+160 0	+250 0	+390 0
50 65	65 80	+60 +30	+76 +30	+104 +30	+23 +10	+29 +10	+40 +10	+13 0	+19 0	+30 0	+46 0	+74 0	+120 0	+190 0	+300 0	+460 0
80 100	100 120	+71 +36	+90 +36	+123 +36	+27 +12	+34 +12	+47 +12	+15 0	+22 0	+35 0	+54 0	+87 0	+140 0	+220 0	+350 0	+540 0
120 140 160	140 160 180	+83 +43	+106 +43	+143 +43	+32 +14	+39 +14	+54 +14	+18 0	+25 0	+40 0	+63 0	+100 0	+160 0	+250 0	+400 0	+630 0
180 200 225	200 225 250	+96 +50	+122 +50	+165 +50	+35 +15	+44 +15	+61 +15	+20 0	+29 0	+46 0	+72 0	+115 0	+185 0	+290 0	+460 0	+720 0
250 280	280 315	+108 +56	+137 +56	+186 +56	+40 +17	+49 +17	+69 +17	+23 0	+32 0	+52 0	+81 0	+130 0	+210 0	+320 0	+520 0	+810 0
315 355	355 400	+119 +62	+151 +62	+202 +62	+43 +17	+54 +17	+79 +17	+25 0	+36 0	+57 0	+89 0	+140 0	+230 0	+360 0	+570 0	+890 0
400 450	450 500	+131 +68	+165 +68	+223 +68	+47 +20	+60 +20	+83 +20	+27 0	+40 0	+63 0	+97 0	+155 0	+250 0	+400 0	+630 0	+970 0

公称尺寸/mm		公差带														
		J			JS						K			M		
大于	至	6	7	8	5	6	7	8	9	10	6	7	8	6	7	8
—	3	+2 −4	+4 −6	+6 −8	± 2	± 3	± 5	± 7	± 12	± 20	0 −6	0 −10	0 −14	−2 −8	−2 −12	−2 −16
3	6	+5 −3	± 6	+10 −8	± 2.5	± 4	± 6	± 9	± 15	± 24	+2 −6	+3 −9	+5 −13	−1 −9	0 −12	+2 −16
6	10	+5 −4	+8 −7	+12 −10	± 3	± 4.5	± 7	± 11	± 18	± 29	+2 −7	+5 −10	+6 −16	−3 −12	0 −15	+1 −21
10 14	14 18	+6 −5	+10 −8	+15 −12	± 4	± 5.5	± 9	± 13	± 21	± 35	+2 −9	+6 −12	+8 −19	−4 −15	0 −18	+2 −25
18 24	24 30	+8 −5	+12 −9	+20 −13	± 4.5	± 6.5	± 10	± 16	± 26	± 42	+2 −11	+6 −15	+10 −23	−4 −17	0 −21	+4 −29
30 40	40 50	+10 −6	+14 −11	+24 −15	± 5.5	± 8	± 12	± 19	± 31	± 50	+3 −13	+7 −18	+12 −27	−4 −20	0 −25	+5 −34
50 65	65 80	+13 −6	+18 −12	+28 −18	± 6.5	± 9.5	± 15	± 23	± 37	± 60	+4 −15	+9 −21	+14 −32	−5 −24	0 −30	+5 −41
80 100	100 120	+16 −6	+22 −13	+34 −20	± 7.5	± 11	± 17	± 27	± 43	± 70	+8 −18	+10 −25	+16 −38	−6 −28	0 −35	+6 −48

（续）

公称尺寸/mm		公差带														
		J			JS						K			M		
大于	至	6	7	8	5	6	7	8	9	10	6	7	8	6	7	8
120	140	+18 -7	+26 -14	+41 -22	±9	±12.5	±20	±31	±50	±80	+4 -21	+12 -28	+20 -43	-8 -33	0 -40	+8 -55
140	160															
160	180															
180	200	+22 -7	+30 -16	+47 -25	±10	±14.5	±23	±36	±57	±92	+5 -24	+13 -33	+22 -50	-8 -37	0 -46	+9 -63
200	225															
225	250															
250	280	+25 -7	+36 -16	+55 -26	±11.5	±16	±26	±40	±65	±105	+5 -27	+16 -36	+25 -56	-9 -41	0 -52	+9 -72
280	315															
315	355	+29 -7	+39 -18	+60 -29	±12.5	±18	±28	±44	±70	±115	+7 -29	+17 -40	+28 -61	-10 -46	0 -57	+11 -78
355	400															
400	450	+33 -7	+43 -20	+66 -31	±13.5	±20	±31	±48	±77	±125	+8 -32	+18 -45	+29 -68	-10 -50	0 -63	+11 -86
450	500															

公称尺寸/mm		公差带														
		N			P				R			S		T		U
大于	至	6	7	8	6	7	8	9	6	7	8	6	7	6	7	7
—	3	-4 -10	-4 -14	-4 -18	-6 -12	-6 -16	-6 -20	-6 -31	-10 -16	-10 -20	-10 -24	-14 -20	-14 -24			-18 -28
3	6	-5 -13	-4 -16	-2 -20	-9 -17	-8 -20	-12 -30	-12 -42	-12 -20	-11 -23	-15 -33	-16 -24	-15 -27			-19 -31
6	10	-7 -16	-4 -19	-3 -25	-12 -21	-9 -24	-15 -37	-15 -51	-16 -25	-13 -28	-19 -41	-20 -29	-17 -32			-22 -37
10	14	-9 -20	-5 -23	-3 -30	-15 -26	-11 -29	-18 -45	-18 -61	-20 -31	-16 -34	-23 -50	-25 -36	-21 -39			-26 -44
14	18															
18	24	-11 -24	-7 -28	-3 -36	-18 -31	-14 -35	-22 -55	-22 -74	-24 -37	-20 -41	-28 -61	-31 -44	-27 -48			-33 -54
24	30													-37 -50	-33 -54	-40 -61
30	40	-12 -28	-8 -33	-3 -42	-21 -37	-17 -42	-26 -65	-26 -88	-29 -45	-25 -50	-34 -73	-38 -54	-34 -59	-43 -59	-39 -64	-51 -76
40	50													-49 -65	-45 -70	-61 -86
50	65	-14 -33	-9 -39	-4 -50	-26 -45	-21 -51	-32 -78	-32 -106	-35 -54	-30 -60	-41 -87	-47 -66	-42 -72	-60 -79	-55 -85	-76 -106
65	80								-37 -56	32 -62	43 -89	53 -72	48 -78	-69 -88	-64 -94	-91 -121
80	100	-16 -38	-10 -45	-4 -58	-30 -52	-24 -59	-37 -91	-37 -124	-44 -66	-38 -73	-51 -105	-64 -86	-58 -93	-84 -106	-78 -113	-111 -146
100	120								-47 -69	-41 -76	-54 -108	-72 -94	-66 -101	-97 -119	-91 -126	-131 -166
120	140	-20 -45	-12 -52	-4 -67	-36 -61	-28 -68	-43 -106	-43 -143	-56 -81	-48 -88	-63 -126	-85 -110	-77 -117	-115 -140	-107 -147	-155 -195
140	160								-58 -83	-50 -90	-65 -128	-93 -118	-85 -125	-127 -152	-119 -159	-175 -215
160	180								-61 -86	-53 -93	-68 -131	-101 -126	-93 -133	-139 -164	-131 -171	-195 -235

（续）

公称尺寸/mm		公差带															
		N			P				R			S		T		U
大于	至	6	7	8	6	7	8	9	6	7	8	6	7	6	7	7
180	200								-68 -97	-60 -106	-77 -149	-113 -142	-105 -151	-157 -186	-149 -195	-219 -265
200	225	-22 -51	-14 -60	-5 -77	-41 -70	-33 -79	-50 -122	-50 -165	-71 -100	-63 -109	-80 -152	-121 -150	-113 -159	-171 -200	-163 -209	-241 -287
225	250								-75 -104	-67 -113	-84 -156	-131 -160	-123 -169	-187 -216	-179 -225	-267 -313
250	280	-25 -57	-14 -66	-5 -86	-47 -79	-36 -88	-56 -137	-56 -186	-85 -117	-74 -126	-94 -175	-149 -181	-138 -190	-209 -241	-198 -250	-295 -347
280	315								-89 -121	-78 -130	-98 -179	-161 -193	-150 -202	-231 -263	-220 -272	-330 -382
315	355	-26 -62	-16 -73	-5 -94	-51 -87	-41 -98	-62 -151	-62 -202	-97 -133	-87 -144	-108 -197	-179 -215	-169 -226	-257 -293	-247 -304	-369 -426
355	400								-103 -139	-93 -150	-114 -203	-197 -233	-187 -244	-283 -319	-273 -330	-414 -471
400	450	-27 -67	-17 -80	-6 -103	-55 -95	-45 -108	-68 -165	-68 -223	-113 -153	-103 -166	-126 -223	-219 -259	-209 -272	-317 -357	-307 -370	-467 -530
450	500								-119 -159	-109 -172	-132 -229	-239 -279	-229 -292	-347 -387	-337 -400	-517 -580

注：1. 公称尺寸小于1mm时，各级的A和B均不采用。
2. 公称尺寸小于1mm时，大于IT8的N不采用。

附表5　内外螺纹的基本偏差（摘自GB/T 197—2003）　（单位：μm）

螺距 P/mm	基本偏差					
	内螺纹		外螺纹			
	G EI	H EI	e es	f es	g es	h es
0.2 0.25 0.3	+17 +18 +18	0 0 0	— — —	— — —	-17 -18 -18	0 0 0
0.35 0.4 0.45	+19 +19 +20	0 0 0	— — —	-34 -34 -35	-19 -19 -20	0 0 0
0.5 0.6 0.7	+20 +21 +22	0 0 0	50 -53 -56	36 -36 -38	20 -21 -22	0 0 0
0.75 0.8 1	+22 +24 +26	0 0 0	-56 -60 -60	-38 -38 -40	-22 -24 -26	0 0 0
1.25 1.5 1.75	+28 +32 +34	0 0 0	-63 -67 -71	-42 -45 -48	-28 -32 -34	0 0 0
2 2.5 3	+38 +42 +48	0 0 0	-71 -80 -85	-52 -58 -63	-38 -42 -48	0 0 0
3.5 4 4.5	+53 +60 +63	0 0 0	-90 -95 -100	-70 -75 -80	-53 -60 -63	0 0 0
5 5.5 6 8	+71 +75 +80 +100	0 0 0 0	-106 -112 -118 -140	-85 -90 -95 -118	-71 -75 -80 -100	0 0 0 0

附表6 普通螺纹基本尺寸（摘自GB/T 196—2003） （单位：mm）

公称直径(大径) D、d	螺距P	中径 D_2、d_2	小径 D_1、d_1
3	0.5 0.35	2.675 2.773	2.459 2.621
3.5	0.6 0.35	3.110 3.273	2.850 3.121
4	0.7 0.5	3.545 3.675	3.242 3.459
4.5	0.75 0.5	4.013 4.175	3.688 3.959
5	0.8 0.5	4.480 4.675	4.134 4.459
5.5	0.5	5.175	4.959
6	1 0.75	5.350 5.513	4.917 5.188
7	1 0.75	6.350 6.513	5.917 6.188
8	1.25 1 0.75	7.188 7.350 7.513	6.647 6.917 7.188
9	1.25 1 0.75	8.188 8.350 8.513	7.647 7.917 8.188
10	1.5 1.25 1 0.75	9.026 9.188 9.350 9.513	8.376 8.647 8.917 9.188
11	1.5 1 0.75	10.026 10.350 10.513	9.376 9.917 10.188
12	1.75 1.5 1.25 1	10.863 11.026 11.188 11.350	10.106 10.376 10.647 10.917
14	2 1.5 1.25 1	12.701 13.026 13.188 13.350	11.835 12.376 12.647 12.917
15	1.5 1	14.026 14.350	13.376 13.917

公称直径(大径) D、d	螺距P	中径 D_2、d_2	小径 D_1、d_1
16	2 1.5 1	14.701 15.026 15.350	13.835 14.376 14.917
17	1.5 1	16.026 16.350	15.376 15.917
18	2.5 2 1.5 1	16.376 16.701 17.026 17.350	15.294 15.835 16.376 16.917
20	2.5 2 1.5 1	18.376 18.701 19.026 19.350	17.294 17.835 18.376 18.917
22	2.5 2 1.5 1	20.376 20.701 21.026 21.350	19.294 19.835 20.376 20.917
24	3 2 1.5 1	22.051 22.701 23.026 23.350	20.752 21.835 22.376 22.917
25	2 1.5 1	23.701 24.026 24.350	22.835 23.376 23.917
26	1.5	25.026	24.376
27	3 2 1.5 1	25.051 25.701 26.026 26.350	23.752 24.835 25.376 25.917
28	2 1.5 1	26.701 27.026 27.350	25.835 26.376 26.917
30	3.5 2 1.5 1	27.727 28.701 29.026 29.350	26.211 27.835 28.376 28.917
32	2 1.5	30.701 31.026	29.835 30.376

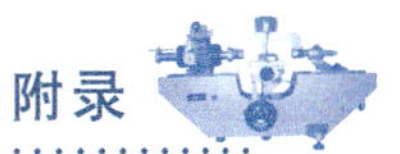

附表7 外螺纹中径公差T_{d_2}（摘自GB/T 197—2003） （单位：μm）

基本大径d/mm		螺距P/mm	公差等级						
>	≤		3	4	5	6	7	8	9
0.99	1.4	0.2	24	30	38	48	—	—	—
		0.25	26	34	42	53	—	—	—
		0.3	28	36	45	56	—	—	—
1.4	2.8	0.2	25	32	40	50	—	—	—
		0.25	28	36	45	56	—	—	—
		0.35	32	40	50	63	80	—	—
		0.4	34	42	53	67	85	—	—
		0.45	36	45	56	71	90	—	—
2.8	5.6	0.35	34	42	53	67	85	—	—
		0.5	38	48	60	75	95	—	—
		0.6	42	53	67	85	106	—	—
		0.7	45	56	71	90	112	—	—
		0.75	45	56	71	90	112	—	—
		0.8	48	60	75	95	118	150	190
5.6	11.2	0.75	50	63	80	100	125	—	—
		1	56	71	90	112	140	180	224
		1.25	60	75	95	118	150	190	236
		1.5	67	85	106	132	170	212	265
11.2	22.4	1	60	75	95	118	150	190	236
		1.25	67	85	106	132	170	212	265
		1.5	71	90	112	140	180	224	280
		1.75	75	95	118	150	190	236	300
		2	80	100	125	160	200	250	315
		2.5	85	106	132	170	212	265	335
22.4	45	1	63	80	100	125	160	200	250
		1.5	75	95	118	150	190	236	300
		2	85	106	132	170	212	265	335
		3	100	125	160	200	250	315	400
		3.5	106	132	170	212	265	335	425
		4	112	140	180	224	280	355	450
		4.5	118	150	190	236	300	375	475
45	90	1.5	80	100	125	160	200	250	315
		2	90	112	140	180	224	280	335
		3	106	132	170	212	265	335	425
		4	118	150	190	236	300	375	475
		5	125	160	200	250	315	400	500
		5.5	132	170	212	265	335	425	530
		6	140	180	224	280	355	450	560
90	180	2	95	118	150	190	236	300	375
		3	112	140	180	224	280	355	450
		4	125	160	200	250	315	400	500
		6	150	190	236	300	375	475	600
		8	170	212	265	335	425	530	670
180	355	3	125	160	200	250	315	400	500
		4	140	180	224	280	355	450	560
		6	160	200	250	315	400	500	630
		8	180	224	280	355	450	560	710

附表8　梯形螺纹基本尺寸（摘自GB/T 5796.3—2005）　（单位：μm）

公称直径*d*	螺距 *P*	中径 $D_2=d_2$	大径 D_4	小径 d_3	小径 D_1
12	2	11.000	12.500	9.500	10.000
	3	10.500	12.500	8.500	9.000
16	2	15.00	16.500	13.500	14.000
	4	14.00	16.500	11.500	12.000
20	2	19.00	20.500	17.500	18.000
	4	18.00	20.500	15.500	16.000
24	3	22.500	24.500	20.500	21.000
	5	21.500	24.500	18.500	19.000
	8	20.000	25.000	15.00	16.000
28	3	26.500	28.500	24.500	25.000
	5	25.500	28.500	22.500	23.000
	8	24.000	29.000	19.000	20.000
32	3	30.500	32.500	28.500	29.000
	6	29.000	33.000	25.000	26.000
	10	27.000	33.000	21.000	22.000
36	3	34.500	36.500	32.500	33.000
	6	33.000	37.000	29.000	30.000
	10	31.000	37.000	25.000	26.000
40	3	38.500	40.500	36.500	37.000
	7	36.500	41.000	32.000	33.000
	10	35.000	41.000	29.000	30.000

附表9　梯形螺纹中径的基本偏差（摘自GB/T 5796.4—2005）　（单位：μm）

螺距 *P*/mm	基本偏差		
	内螺纹D_2	外螺纹d_2	
	H EI	c es	e es
1.5	0	−140	−67
2	0	−150	−71
3	0	−170	−85
4	0	−190	−95
5	0	−212	−106
6	0	−236	−118
7	0	−250	−125
8	0	−265	−132
9	0	−280	−140
10	0	−300	−150
12	0	−335	−160
14	0	−355	−180
16	0	−375	−190
18	0	−400	−200
20	0	−425	−212
22	0	−450	−224
24	0	−475	−236
28	0	−500	−250
32	0	−530	−265
36	0	−560	−280
40	0	−600	−300
44	0	−630	−315

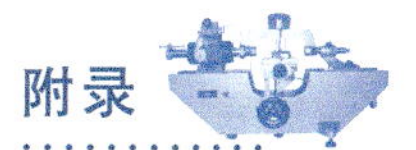

附表10 梯形螺纹外螺纹中径公差T_{d_2}（摘自GB/T 5796.4—2005） （单位：μm）

基本大径d/mm		螺距P/mm	公差等级			
>	≤		6	7	8	9
5.6	11.2	1.5	132	170	212	265
		2	150	190	236	300
		3	170	212	265	335
11.2	22.4	2	160	200	250	315
		3	180	224	280	355
		4	212	265	335	425
		5	224	280	355	450
		8	280	355	450	560
22.4	45	3	200	250	315	400
		5	236	300	375	475
		6	265	335	425	530
		7	280	335	450	560
		8	300	375	475	600
		10	315	400	500	630
		12	335	425	530	670
45	90	3	212	265	335	425
		4	236	300	375	475
		8	315	400	500	630
		9	335	425	530	670
		10	335	425	530	670
		12	375	475	600	750
		14	400	500	630	800
		16	425	530	670	850
		18	450	560	710	900

参 考 文 献

[1] 唐代滨，张晓琳. 公差配合与实用测量技术［M］. 北京：机械工业出版社，2012.

[2] 徐茂功. 公差配合与测量技术［M］. 4 版. 北京：机械工业出版社，2013.

[3] 邵晓荣. 公差配合与测量技术一点通［M］. 北京：科学出版社，2012.

[4] 张郭益，许全守. 精密测量［M］. 台北：全华图书股份有限公司，2009.

[5] 乔元信，王公安. 公差配合与技术测量［M］. 2 版. 北京：中国劳动社会保障出版社，2011.

[6] 姜莉，张爽，田大伟. 极限配合与机械测量［M］. 北京：中国劳动社会保障出版社，2010.

[7] 宋文革. 极限配合与技术检测基础［M］. 北京：中国劳动社会保障出版社，2011.

[8] 范家柱，龚跃明，田玲，等. 零件测量与质量控制技术［M］. 北京：清华大学出版社，2009.

[9] 冯丽萍. 公差配合与机械测量［M］. 北京：机械工业出版社，2010.

[10] 朱士忠. 精密测量技术常识［M］. 3 版. 北京：电子工业出版社，2011.

[11] 冯旭. 公差配合与测量技能基础［M］. 北京：机械工业出版社，2010.

[12] 张红. 公差测量项目教程［M］. 武汉：华中科技大学出版社，2009.